japanese
fermentation

written by
hiroshi fujii

amazake

甘酒のほん

知る、味わう、たずねる

藤井寛

山川出版社

はじめに

甘酒の魅力が、今注目されています!

甘酒は、私たち日本人の〝財産〟ともいえる、魅力あふれる発酵飲料です。

なんといっても、第一の魅力はそのおいしさでしょう。砂糖はまったく使わないのに、滋味豊かな甘みと旨みがあり、独特のとろみがあって喉越しがやさしい。しかも、後味がスッキリしている。そんな甘酒を飲んで気分が安らいだり、また元気が出たりした経験をもつ方も多いのではないでしょうか。

さらに甘酒は、「飲む点滴」「飲む美容液」と称されるほど、体にいい飲み物です。

人間の体に必要なビタミン類や必須アミノ酸、食物繊維や酵素などがたっぷり含まれており、疲労回復や細胞の活性化、免疫力や代謝の向上など、さまざまな健康効果が得られます。また近年は、脳の働きを促進したり、腸内環境をととのえたりすることもわかっています。

それだけではなく、甘酒はお米と麹で簡単につくれるという特徴もあります。近年の発酵ブームもあいまって、今や甘酒は、全国約600もの製造元で、1200種類もの製品がつくられているといわれていますが、それらを楽しむのはもちろん、自分好みの甘酒をみずから手づくりすることもできるのです。

おいしく、そして体にもよく、子どもからお年寄りまで安心して飲めて、家庭で手軽にできる。まさに、甘酒はスーパー飲料ともいっていいでしょう。

この本では、そのような甘酒の魅力や活用法を、一冊にギュッと凝縮してご紹介します。

まず1章では、甘酒の種類や成分、美容・健康効果についてくわしく見ていきます。甘酒ができる過程もわかりやすくお話しするので、発酵のしくみについても理解を深めていただけるでしょう。

続く2章では、甘酒の歴史に迫ります。甘酒が古くから日本人の暮らしと密接に結びつき、大事な役割を果たしてきたことに気づいていただけるはずです。

次の3章で、甘酒のつくり方や甘酒を使ったレシピ、アレンジドリンクなどをたっぷりお伝えしますので、ぜひ参考にして、甘酒ライフを楽しんでください。

最後に4章で、全国各地に残る甘酒を用いたお祭りをご紹介していきます。ユニークなお祭りの様子を味わい、日本人と甘酒のかかわりについて思いを馳せていただけたら嬉しいです。


ではさっそく、おいしく奥深く、そして豊かな甘酒の世界へご案内しましょう！

3章 甘酒をつくる、味わう

4章 甘酒の祭りをたずねる

編集協力　江藤ちふみ／谷和美
イラスト　勝山八千代
アートディレクション　北田進吾
デザイン　北田進吾／畠中脩大（キタダデザイン）

japanese
fermentation

amazake

1章

甘酒と発酵を知る

甘酒って、どんな飲みもの？

最近では、便利な飲みきりタイプや、夏でも飲みやすいコールドタイプも登場し、甘酒はますます身近になっています。

その一方で、甘酒には「酒」の字がついていることもあり、今もアルコール飲料だと誤解されることがあるようです。甘酒が苦手だという方からは「アルコールの香りが独特で、好きになれない」といった声も耳にします。

しかし、すべての甘酒にアルコールの香りがあるわけではありません。甘酒には、「酒粕」を使ったものと、「麹」を使ったものとの2種類があり、アルコールの香りがするのは、酒粕を原料とした酒粕甘酒です。もしかすると、酒粕の味や香りの記憶から、甘酒そのものが食わず嫌いになっていることがあるのかもしれません。

酒粕甘酒には、微量のアルコールが含まれますが、製造時に一度沸騰させるためアルコール分は1％未満。また、麹を原料にした麹甘酒はアルコール0％です。ですから、市販されているすべての甘酒は、法律上、「清涼飲料水」に分類されています。

つまり甘酒は、子どもから大人まで誰もが、いつでもどこでも安心して気軽に飲むことができ、しかもおいしく栄養満点な万能飲料なのです。

とりわけ麹甘酒は、砂糖も不使用。それでいて健康効果に優れ、さらには麹由来のふくよかな香りや味わいが楽しめる、ヘルシーかつナチュラルな飲みものです。江戸時代中ごろから、今と同じ米と麹と水でつくられてきました。一方の酒粕甘酒は、日本酒の搾りかすである酒粕に水や砂糖を溶いてつくられます。

日本酒づくりのプロセスから甘酒の違いを知る

似ているようでまったく違う2種類の甘酒ですが、実はいずれも、日本酒をつくるプロセスから生まれます。

日本酒の原材料も、麹甘酒と同じ、米、麹、水です。これらの材料を発酵させると、麹のもつ消化酵素の働きによって、米のでんぷんが「ブドウ糖」や「オリゴ糖」へと変わり、ドロリとした甘い液体になります。それが、私たちが飲んでいる麹甘酒です。

そこから日本酒をつくるには、さらに「酵母」を加えます。

酵母は、麹甘酒にたっぷりと含まれた糖をエサとして生活し、糖をアルコールへと変えていくのです。アルコールに変化したそのどぶろくのような原液（もろみ）を搾ったものが日本酒となり、搾りかすが酒粕になるというわけです。

発酵してアルコールになったあとは、糖はすでに酵母のエサとして消費されてしまい、日本酒はもちろん、酒粕にも甘みはほとんど残りません。

そのため、酒粕を使って甘酒をつくるには、砂糖を加えて甘みを足す必要があるのです。

また、加熱して大半のアルコール分を飛ばしているとはいえ、わずかに残るものもあるため、酒粕甘酒には、アルコールの香りがするというわけです。

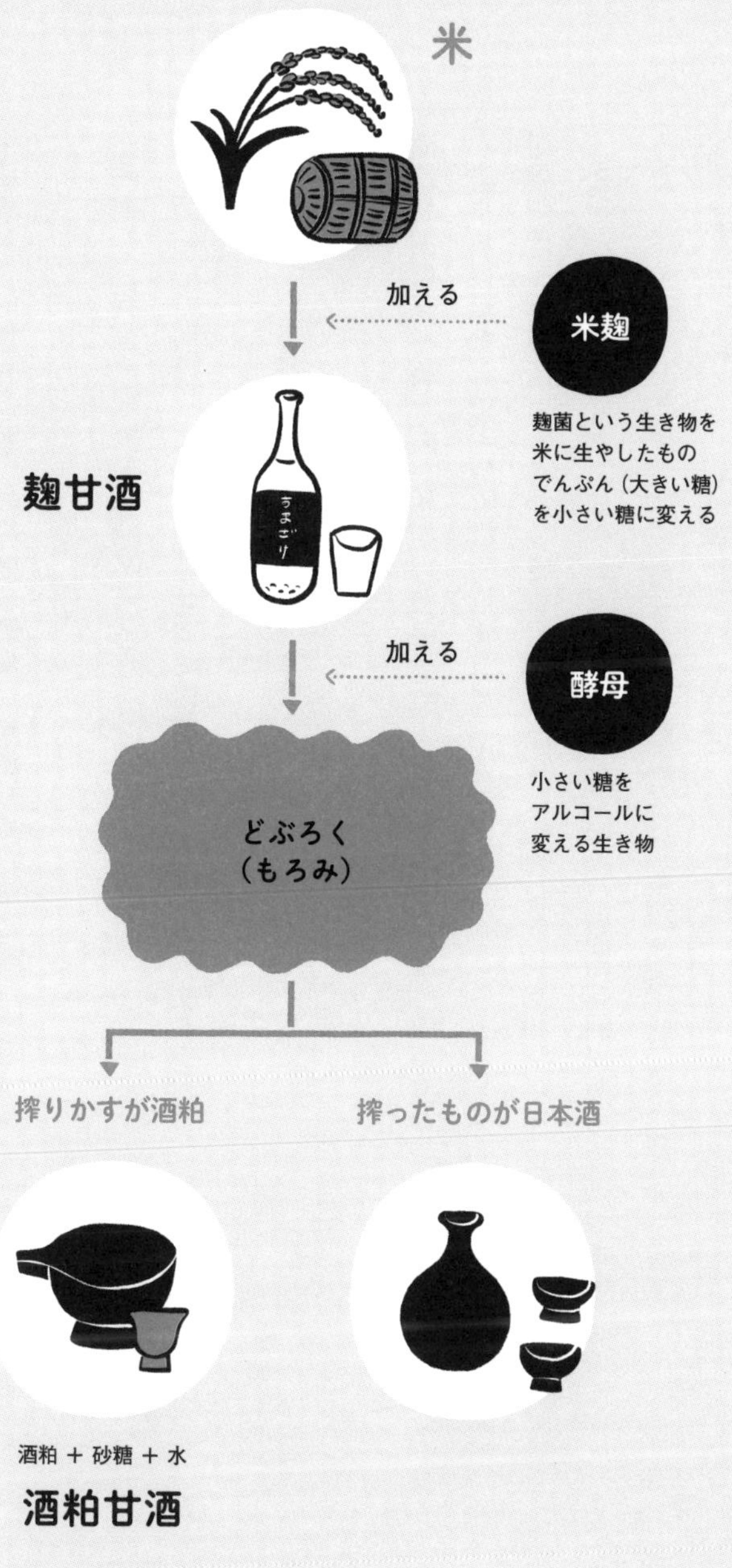
米
加える
米麹
麹菌という生き物を
米に生やしたもの
でんぷん（大きい糖）
を小さい糖に変える
麹甘酒
加える
酵母
小さい糖を
アルコールに
変える生き物
どぶろく
（もろみ）
搾りかすが酒粕
搾ったものが日本酒
酒粕 ＋ 砂糖 ＋ 水
酒粕甘酒

おいしく、体にいい天然成分たっぷりの麹甘酒

麹甘酒と酒粕甘酒の構成の違いを簡単に整理してみると、

- 米 ＋ 麹 ＋ 水 → 麹甘酒（ノンアルコール）
- 酒粕 ＋ 砂糖 ＋ 水 → 酒粕甘酒（微量のアルコールが含まれる）

となります。

酒粕甘酒は、材料を溶かすだけで手早く大量にできるため、お祭りやたくさんの人が集まる行事などで、今も広く飲まれています。

初詣に行った神社やお寺で甘酒を振る舞われた経験がある方もいらっしゃるかもしれませんが、寺社で大晦日やお正月に出されるのは、酒粕甘酒であることが多いようです（めずらしい例として、熊本県の阿蘇神社は、毎年３万人分もの麹甘酒をつくり、初詣客に振る舞うことで知られています）。

しかし今、スーパーなどで一般に流通している甘酒は、その多くが麹甘酒です。この麹由来の甘みは、ナチュラルかつ濃厚で、旨みが凝縮された深い味わいとなり、麹甘酒ならではの魅力となっています。

また、発酵という自然の作用のおかげで、数々の健康効果をもたらしてくれる天然成分を含んだ麹甘酒の恵みは計り知れません。

本書ではここから、麹甘酒（以下、甘酒）に焦点をあて、その魅力や効能を掘り下げていきたいと思います。

甘酒が「飲む点滴」といわれる理由

「飲む点滴」といわれる甘酒には、まさに点滴と同じくらい豊富な栄養素がバランスよく含まれています。

炭水化物、たんぱく質、ビタミンB群のほか、健康維持に欠かせない必須アミノ酸やブドウ糖、食物繊維などの成分が盛りだくさんで、甘酒がもたらす健康効果は多岐にわたります。

そのため、かつては栄養補給の意味合いも兼ねて甘酒を飲んでいたようで、江戸時代や明治時代の医師が残した文献には、「夏の暑さで体調が優れない年配者や子どもは甘酒を飲むといい」といった記述も見られます。

現代のように医療が発達しておらず、栄養不足や夏バテによる体力低下が病気の原因となり、ひどいときは命を落とす可能性もあったその昔。人々は甘酒による健康効果を身をもって実感し、活用していたのでしょう。

では、甘酒には、いったいどのような長所があるのでしょうか。

まず注目したいのが、体内で合成できない9種類の必須アミノ酸がすべて含まれているということです。

骨や内臓、肌、血液、神経伝達物質、遺伝子など、私たちの体は20種類のアミノ酸の組み合わせによって成り立っています。そのうち、人間が自力でつくり出せないため、食べものから摂取する必要があるのがこの必須アミノ酸です。

これらのアミノ酸は、体内でたんぱく質の素材として体のさまざまなパーツとなるほか、疲労回復や精神安定、ストレス軽減、免疫力アップなどに役立ちます。

万が一、必須アミノ酸が不足すると、疲れがとれない、睡眠の質が落ちる、集中力が低下する、ストレスが溜まりやすいなどの症状が出る場合があるともいわれ、健康を維持するだけでなく、私たちが快適な生活を送るためにも、とても重要な存在です。

もちろん、食事からも必須アミノ酸は摂取できますが、全種類含まれている食品は限られています。

その点、甘酒はただ飲むだけで必須アミノ酸をすべて補えます。しかも添加物は一切入っていません。甘酒は栄養面でも手軽さでも、優れた「天然の栄養ドリンク」といえるでしょう。

ブドウ糖の力ですばやく脳にエネルギーチャージ

甘酒に含まれる糖質は、麹の酵素によって消化分解済みで、米のでんぷんがブドウ糖になっているため、吸収が早く、脳へと迅速にエネルギーを届けることができます。脳に届く唯一の糖質であり、脳糖ともいわれるブドウ糖。その即効性も大きな魅力です。

だからこそおすすめしたいのは、朝食時に甘酒を飲むこと。

朝食を摂ると頭がはっきり目覚めるのは、脳にエネルギーが補充されるからですが、ごはんやパンのでんぷんを消化吸収し、ブドウ糖に変えて脳に届けるのは、それなりに時間がかかります。

しかし、甘酒に主に含まれるブドウ糖はすぐに脳へと運ばれるので、朝食時に甘酒を飲むとみるみるパワーチャージされ、快適な目覚めを体感できるでしょう。また、甘酒で血糖値が上がると体内時計がリセットされ、いい気分で一日をスタートできるという効果も期待できます。

とはいえ、甘酒だけだと血糖値が急上昇するおそれもあるので、バランスのよい朝食を心がけましょう。

逆に、甘酒を夜に飲んで血糖値が上がった状態で寝ると、ブドウ糖はすべて脂肪になってしまいます。また血糖値が上がったことで神経が興奮状態になり、睡眠を

妨げることにもなりかねません。ですから、就寝の3時間前からは、甘酒は控えたほうが賢明といえます。

甘酒は、美容と健康に欠かせないビタミンB群の宝庫

サプリや栄養ドリンクでおなじみのビタミンB群が多く含まれているのも、甘酒の特徴です。それゆえ最近では、スポーツドリンクの代わりに甘酒を飲むアスリートも増えているのだとか。

実際、ビタミンB群は糖質の代謝を助け、疲労回復に役立つビタミンB1をはじめ、筋肉や肌、髪などの細胞を再生させるビタミンB2、エネルギー代謝の補酵素として働くビタミンB6など、いずれも、健康維持に欠かせない成分ばかりです。

さらに、肌のターンオーバーを促進してキメをととのえる働きや保湿効果などもあり、美容面でもさまざまな効果があります。

甘酒には、このビタミンB群が、なんと米の3〜4倍も含まれています。

しかも、これらのビタミンは単体で摂るよりも、一度に多くの種類を摂取したほうが吸収効率が上がるのだそう。その点でも、まさに甘酒はうってつけです。

そのうえ甘酒は、発酵の過程で成分の消化分解が済んでいるおかげで、スピーディーに栄養素が吸収されるという利点もあります。

どういうことかというと、普通の食品は、食べたものが小腸に行く間に消化分解され、その後、腸壁から栄養分が吸収されます。しかし甘酒は、麹菌の酵素によってすでに消化分解が終わっているため、すぐにエネルギーや栄養素が血液に入り、全身にくまなく運ばれていくのです。

このように、体に負担をかけず栄養をすばやく供給できる点も、甘酒が「飲む点滴」といわれる理由だといえます。

腸内環境を整備して免疫力アップに貢献も

甘酒を飲めば、腸内のバランスをととのえる食物繊維やオリゴ糖など善玉菌のエサを腸へと届けることもできます。

麹菌そのものは、生きたまま腸にたどり着くことはありません。しかしその死骸が、乳酸菌やビフィズス菌など他の善玉菌のエサになるため、腸内環境の改善におおいに役立つのです。

そもそも甘酒には食物繊維がたっぷり含まれています。さらに、特定保健用食品（トクホ）においてビフィズス菌を増やし、腸内環境をととのえる働きが認められているイソマルトオリゴ糖や、麹菌の酵素によってつくり出されるコージビオースなどのオリゴ糖も豊富に含まれていて、便秘の解消にもつながります。

最近では、「腸活」という言葉も生まれたように、健康な人生を送るためには腸のコンディションをととのえることがとても重要になってきています。

特に、人間の免疫細胞の7割は、腸に存在するともいわれ、免疫力を上げるためにも腸内の環境整備は重要です。

古くから米や野菜を中心とした食生活を送ってきた日本人は、肉を多く食べてきた欧米人と比べて腸が長いといわれています。そんな日本人の腸には約100種類、数にして約100兆個もの腸内細菌が生息しているのだとか。

体内ではつくれない
９種類の必須アミノ酸が
すべて含まれている
ビタミンＢ群が
米の３～４倍
効率よくエネルギーに
変えられる
ブドウ糖がたっぷり
※カロリーはおかゆとほぼ同じ
腸内環境を
ととのえるオリゴ糖や
食物繊維が豊富

そんな腸内細菌は、腸をすこやかに保つ善玉菌、腸内に有害な物質を発生させ、腐敗や炎症を引き起こす悪玉菌、両者の形勢によって有利なほうに加勢する日和見菌の3種類に分かれます。

免疫力を上げるには、もちろん善玉菌が優位でなければなりません。腸内に悪影響を及ぼす悪玉菌が増えると、それにともなって免疫力も低下。普段ならブロックできるはずのウイルスや細菌を食い止められず、体調を崩しやすくなってしまいます。それればかりか、免疫機構の誤作動が起こり、花粉症やアレルギーを引き起こすことにもなりかねません。

また、腸は「第2の脳」ともいわれ、「幸せホルモン」と呼ばれるセロトニンの分泌にも関係します。さらに、腸内環境がよくなると肌荒れや乾燥を防ぎ、美肌効果もあるとされています。

身心ともに良好な状態で毎日を送るために、腸内のコンディションをととのえる甘酒は心強い味方になってくれるはずです。

コレステロール値を下げる「レジスタントプロテイン」

疲労回復、体力増進、代謝アップ、免疫力増加など、今わかっているだけでもさまざまな効能をもつ甘酒ですが、その研究は日々進んでいます。近年の研究によって明らかになった成分が、「レジスタントプロテイン」。人の消化酵素では分解できない難消化性成分として、先ほど炭水化物由来の食物繊維などを紹介しましたが、たんぱく質由来のレジスタントプロテインも挙げられます。

多くのたんぱく質は胃で分解され、腸でアミノ酸に変化して吸収されますが、レジスタントプロテインはそのまま腸まで届き、さまざまな働きをしてくれます。

そのひとつが、脂質などを包み込んで体の外へ運び出す働きです。そのおかげで、コレステロール値を下げ、成人病を予防する作用が期待できます。また、腸内環境をととのえる、代謝を促進して脂肪を燃やす、免疫力を上げるなどの効果も報告されています。

脂肪燃焼や代謝アップの効果はすでに実証済みで、ある実験では甘酒を摂り続けた場合、脂肪たっぷりな食べものを食べていてもお腹に脂肪がつきにくくなり、体重増加もゆっくりになったとのこと。

このような効果はあくまでもゆるやかなものですから、過度な期待はしないほうがいいかもしれませんが、この結果を見ても、甘酒が代謝を上げて太りにくい体をつくるということは確実にいえるでしょう。

他にも魅力的な効果がたくさんあります

さらに、美容効果が気になる方にぜひご紹介したい成分があります。

まず肌の保湿効果やバリア機能効果が期待される「グルコシルセラミド」と「N-アセチルグルコサミン」。グルコシルセラミドは甘酒由来の脂質成分で、肌の水分蒸発を抑制したり、バリア機能を改善したりする効果が報告されています。N-アセチルグルコサミンは、甘酒をつくる際に麹菌から得られ、コラーゲンやヒアルロン酸の合成をうながす成分です。また、カニやエビなどの甲羅に含まれるキチンを構成する糖でもあり、ひざ関節の違和感を軽減できることでも知られています。

また、化粧品に配合されているのが、美白成分の「コウジ酸」や抗酸化成分の「エルゴチオネイン」。コウジ酸は、日本酒をつくる杜氏の手が白くてきれいなことから、その製造過程において有用な成分があるのではないかという気づきから発見されました。肌のシミの原因となるメラニン色素ができるのを抑制する働きが、厚生労働省から医薬部外品として認可を受け、一般的に使用されるようになっています。エルゴチオネインはアミノ酸の一種で、高い抗酸化力をもつことから、老化の原因となる活性酸素を抑える働きが期待され、化粧品としてだけでなく食品の酸化を防止する効果もあるそう。

麹菌の酵素の働きによってつくり出されるお米由来の成分、「フェルラ酸」も強力な抗酸化作用を示す成分として知られています。

これまでに米を米麹に加工する際に米自体にはなかった成分が約400も蓄積されることが報告されているほか、甘酒にも350以上の成分が認められています。今はまだわかっていない魅力的な成分や働きが、今後ますます明らかになるかもしれない。そんな甘酒の未来が楽しみなところです。

ここまで、甘酒が健康や美容にもたらす効果についてお伝えしてきました。

でも、「甘酒はカロリーが高いのでは?」「甘酒の糖分が気がかりだ」という方もいるかもしれません。

しかし、心配無用です。甘酒のカロリーは決して高すぎることはなく、同じ量で比較するとおかゆと同じくらい。あれだけ甘いのにカロリー控えめなんて、なかなか素敵な飲みものだと思いませんか。

ただし、栄養豊富でおいしいからといって、もちろん摂り過ぎは禁物です。主食の量にもよりますが、一日の適量は、だいたい200gが妥当でしょう。

甘酒の素晴らしい健康効果は、継続して飲んでこそ発揮されます。無理なく甘酒を生活に取り入れ、末永いおつきあいをしていきましょう。

甘酒を「おいしい」と感じるのはなぜ？

甘酒が美容や体にいい理由はわかっていただけたと思いますが、その効能と同じくらい魅力的なのが、ふくよかで、心地よい余韻を残してくれる甘酒特有のおいしさです。

甘酒ならではの甘さや旨さは、どのようにして生まれるのでしょうか。

そもそも、ごはんも甘酒も同じお米からできているのに、甘酒だけが甘いのはなぜでしょう。

甘酒が甘くて旨みたっぷりな理由は何なのか。それは、「甘みのもととなるブドウ糖と、旨みのもととなるアミノ酸がたくさん含まれているから」です。

まずブドウ糖は、発酵によってできた甘味成分（糖）の主なもので、体の大事なエネルギー源となります。

また、私たち人間の司令塔である脳の働きに大きく貢献します。

体のエネルギーとなるのは、主にブドウ糖と脂肪酸ですが、脳のエネルギー源になれるのはブドウ糖だけです。

私たちの脳は、とても多くのエネルギーを消費します。

脳の重量は体全体のわずか約２％であるにもかかわらず、体が消費するエネルギーのうち約20％が脳に費やされるというデータもあるほどです。安静にしているときでさえ、１時間あたり約４ｇものブドウ糖が脳に消費されているといいますから、私たちは常にたくさんのブドウ糖を必要としています。甘酒は、そんなブドウ糖を豊富に含んでいるのですね。

甘酒がおいしいのは体が求めているものだから

甘酒のおいしさの秘密をさらに探っていきましょう。

ここで、根本的な質問です。なぜ、私たちは甘いものを食べたり飲んだりすると、おいしいと感じるのでしょうか。

答えは、「人間の体は、必要なものをおいしく感じるようにできているから」です。

たとえば、糖やアミノ酸は、人間にとって欠かせません。それらの大事な栄養分を私たちがきちんと体内に摂り入れられるように、人間の体は、甘いものや旨みのあるものをおいしいと感じるしくみをもっているのです。

言い換えれば、「おいしい」と感じるのは、私たちが「これは、すぐエネルギーになる栄養分だ」というシグナルをキャッチしているからともいえるでしょう。

甘酒の甘みのもとであるブドウ糖をつくるカギとなる物質が、「アミラーゼ」という酵素の存在です。

米麹をつくる過程で、米に麹菌を加えて繁殖させると、多くの酵素がつくられます。このとき生まれる酵素のひとつが、アミラーゼです。

このアミラーゼが、米や麹のでんぷんをブドウ糖に分解し、甘酒独特の甘さをつくります。アミラーゼがハサミとなって、鎖のようにつながったでんぷんをチョキチョキとカットし、小さいサイズの糖にするイメージです。

小さくなった糖を舌の上にのせると、味わいがすばやく広がります。このとき舌が感じた甘さを、体は「おいしさ」として認識するのです。

甘酒には、主な甘味成分であるブドウ糖のほかに、オリゴ糖やその他の希少糖が含まれています。それらの糖のバランスは発酵時の温度によって変化し、甘酒の味わいのバリエーションとなって、私たちを楽しませてくれます。

ちなみに、甘酒の製造過程で、でんぷんがブドウ糖に分解される一方で、たんぱく質はアミノ酸に分解されます。このとき活躍する主な酵素が「プロテアー

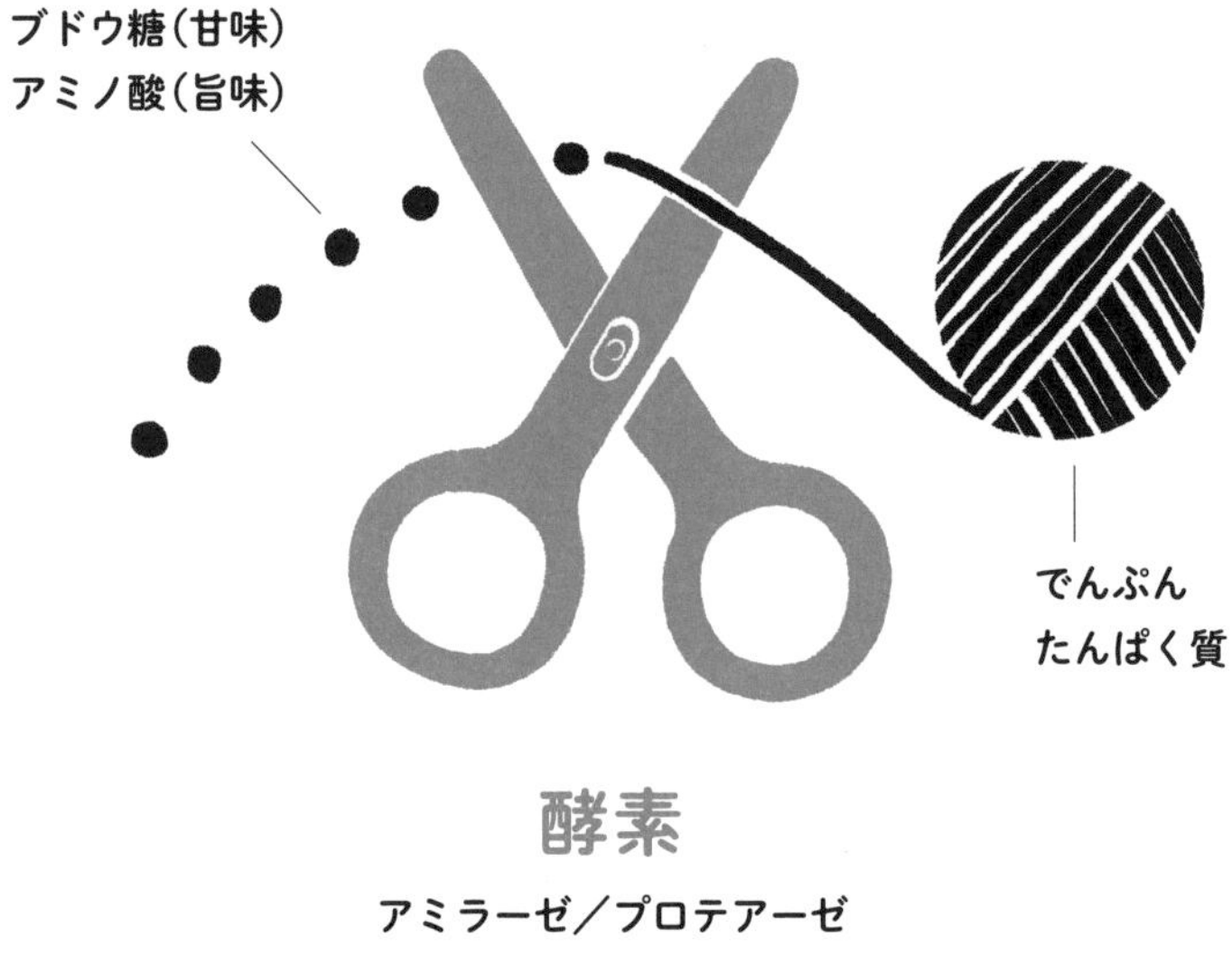

ゼ」です。

アミノ酸は分子の構造によって味が変わるという特徴があり、ときには甘み、ときには旨みというように、さまざまな味わいを感じさせてくれます。

そのため、甘酒に含まれるアミノ酸の種類が多いほど、旨みが何層にも重なり、深みのある味になります。甘酒ならではの芳醇なおいしさは、このように多様な分解のプロセスを経て生み出されているのです。

酸味もおいしさの要素

おいしさにはこのような栄養素的に求められる理由のほかに、私たちの嗜好も関係してきます。嗜好とは人の感覚に訴える色や香り、味、口あたり、舌ざわり、歯ごたえなどをいいます。たとえば、味覚でキャッチできる三大栄養素を挙げれば、甘味はエネルギー（糖質）のシグナル、旨味はアミノ酸のシグナル、コクは脂質のシグナルといったところです。また、国によっても食文化が違うように、嗜好もそれぞれ異なっています。

ここでは、少し変わった甘酒のおいしさについてお話ししていきましょう。

甘酒といえば、滋味深い甘みが特徴ですが、「酸っぱい甘酒」を飲んだことがあるという方もいるのではないでしょうか。

最近では、酸味を打ち出した甘酒も販売されていますし、家庭などで手づくりした場合にしばしば酸っぱい甘酒ができることもあるものです。そんな甘酒もまた、独特のおいしさがあります。では、その酸味の原因は、どこにあるのでしょうか。

そのひとつが「乳酸菌」です。乳酸菌は、発酵中の温度が低下することで発生します。低温で乳酸菌が増殖した結果、甘酒に酸味が出るのです。

3章でくわしくお話ししますが、甘酒づくりは、約60℃で6~8時間程度の発酵を行うのが基本です。しかし、50℃を下回る温度で発酵させると酵素の働きが弱まり、40℃前後になると乳酸菌が増殖しやすい状態になります。

すると、酵素によって引き出される甘みが少ないうえに、乳酸菌が甘さの素である糖を乳酸に変えてしまうため、甘さ控えめで酸味が強い甘酒ができあがるのです。

ヨーグルトやチーズなどの乳製品に含まれる乳酸菌の健康効果は、すでによく知られている通りです。

そもそも乳酸菌は、糖を分解して乳酸をつくる菌の総称で、有名なビフィズス菌も、そのひとつです。

そんな乳酸菌は、人や動物の肌、口の中、腸内などにいる「動物性」と、植物や果物にいる「植物性」に分けられます。

米が原料である甘酒に含まれるのは、植物性乳酸菌ですが、この菌は動物性に比べると胃酸に強く、生きたまま腸まで届くため、腸内環境をととのえてくれるありがたい菌なのです。

現在では、麹甘酒を乳酸菌で発酵させることで生まれるさっぱりとした酸味と甘さが特徴的な乳酸発酵甘酒も広く販売されています。

また、乳酸の酸味以外にも、柑橘系などの果実に主に含まれるクエン酸の酸味が特徴的な甘酒もあります。

九州以南の暖かい地域の酒づくりで使われる黒麹や白麹は、もろみの腐敗防止のために多量にクエン酸をつくり出す性質があり、その特性を生かした果汁系の味わいがおいしい黒麹や白麹の甘酒も販売されています。

適度な酸味もまた、甘酒のおいしい個性のひとつ。ぜひ違いを味わってみてください。

サラサラの甘酒とドロリとした甘酒、それぞれの魅力

甘酒のおいしさは、その濃度やかたさによっても変わります。

甘酒は、原材料である米と麹と水の割合によって、「薄づくり（軟づくり）」「早づくり」「かたづくり」に分類することができます。初めてこの分類を知る方も多いと思うので、ひとつずつ説明していきましょう。

市販の甘酒で最もよく見られるのは、水分が豊富な「薄づくり（軟づくり）」です。そのまま飲めることから「ストレートタイプ」といわれています。原材料の割合は麹1、米1、水6〜8程度。おかゆ状に炊いた米でつくることで、さらりとした口当たりに仕上がります。

「かたづくり」は、だいたい麹1、米1〜2の割合でつくられます。水分が少なくどろりとしていることから「濃縮タイプ」などの記載が見られます。製法によっては、水あめやジャムと同じくらいの粘り気をもつこともあり、糖度30〜40度の強い甘みが特徴です。そのため、料理の甘味づけとして使うのもおすすめです。

ただし、ドリンクで楽しむ場合は、薄めたほうが飲みやすくなるかもしれません。市販品は、「食べる甘酒」「甘糀」「甘酒ジャム」「麹ジャム」といった名称で売られていることもあります。

「早づくり」は米を使わず、麹と水だけでつくります。市販品のパッケージには、「全麹仕込み」「麹だけで仕込んだ」などと書かれていることが多く、ストレートタイプから濃縮タイプまでいろいろあります。米が使われていないので、「薄づくり」と比較すると甘さは控えめですが、そのぶん、麹の風味をストレートに感じられるでしょう。良質な麹が手に入ったときには、ぜひ早づくりにチャレンジして、麹本来の風味を楽しんでみてください。

市販の甘酒の濃度を知りたいときは、パッケージの栄養成分表示にある「炭水化物量」を見てみましょう。

甘酒100g中に含まれる炭水化物量が20g以下の場合はサラサラと飲める薄めの仕上がりで、20～25g程度ならほどよい飲み心地。25～30gであれば濃いめになっていますから、お好みによって薄めて飲むといいでしょう。

30g以上になると「かたづくり」に該当する濃さですから、飲むというより食べるといった感覚になりますが、これもまた甘酒のおいしいバリエーションのひとつです。

甘酒づくりのカギは麹菌の活躍にあり

甘酒の健康効果やおいしさの秘密について見てきましたが、ここからは、さらに深堀りして、発酵のしくみや、その過程で活躍する酵素の働きについてお話ししていきましょう。

まず甘酒づくりの立役者であり、日本の食文化を語るうえで欠かせない「麹」についてご紹介します。

改めていうと、麹とは、蒸した米などに麹菌と呼ばれるカビを生やしたもの。米の周りについた麹の胞子が花咲いているように見えることから、「糀」と表現されることもあります。ちなみに「糀」は国字（和製漢字）で、米でつくる麹のみを表す文字のこと。

そんな麹は甘酒だけでなく、醬油や味噌、みりん、日本酒、酢など、和食の発酵調味料をつくる際に絶対必要な存在です。

米や大豆などに含まれるでんぷんやたんぱく質は、もともとは無味無臭ですが、麹菌が増殖する際につくり出す酵素によって分解されることで、おいしさの素である甘みや旨みをもつようになるのです。

麹菌をはじめとする微生物が喜ぶ環境は、日本のように暖かくて湿気が多い地域です。

そのなかでも、日本の醸造業界で主に使われ、甘酒にも用いられているのが、「アスペルギルス・オリゼー」と呼ばれる麹菌です。

これは、日本醸造学会で「国菌」に認定された日本特有の菌で、「ニホンコウジカビ」とも称されます。黄麹菌ともいわれ、醤油や味噌、みりん、日本酒などの製造にも用いられます。国内で使われている麹菌には、このほかに泡盛や焼酎づくりに使われる黒麹菌や白麹菌などがあります。

日本が誇る国菌「アスペルギルス・オリゼー」

驚くべきことに、このアスペルギルス・オリゼーは日本人が意図的につくり出したものであることが、ゲノム解析によって近年明らかになりました。

その経緯についてお話しすると、まず、アスペルギルス・オリゼーの前身となったのが、毒素を生成する菌であるアスペルギルス・フラブスです。食中毒を引き起こす、餅やピーナッツに生えるカビとして知られています。

あるとき突然変異によって、この菌の一部で毒素をつくる遺伝子が消失します。

そのことを見極めた先人たちが、毒素をつくらず発酵食品の製造に適した優良な菌だけを大切に育てた結果、アスペルギルス・オリゼーができたのだそうです。たくさんの恵みをもたらす菌を育ててくれた先人の知恵に感服です。

アスペルギルス・オリゼーが保有する酵素は、人間にとって有益な数ある微生物のなかでも、トップクラスの分解力を誇るといわれています。

アスペルギルス・オリゼーは、でんぷんをブドウ糖に、そして、たんぱく質をアミノ酸に分解する働きに優れています。この特質が、甘酒のもつ唯一無二の甘みや旨みを生み出してくれるのです。

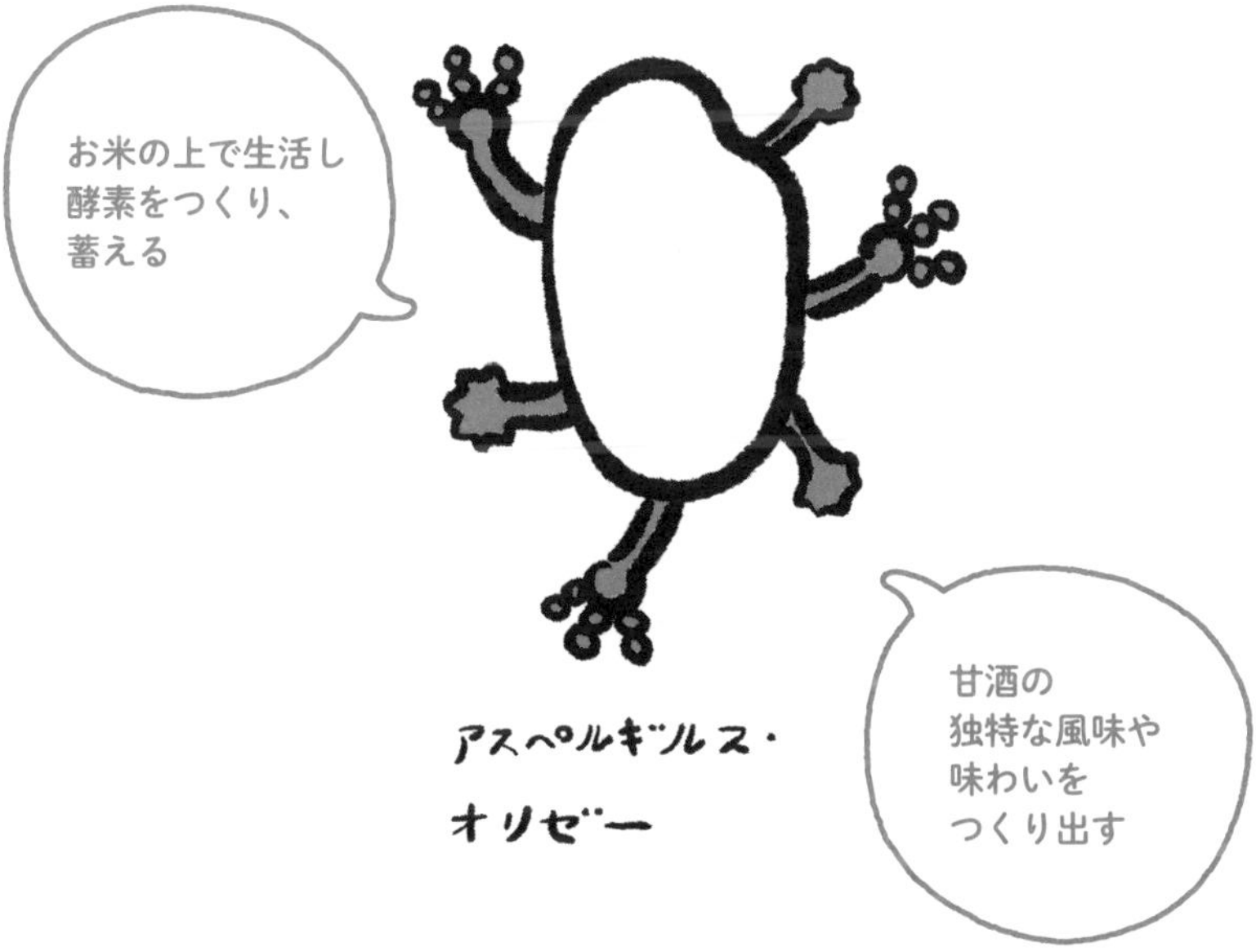
お米の上で生活し
酵素をつくり、
蓄える
アスペルギルス・
オリゼー
甘酒の
独特な風味や
味わいを
つくり出す

これまでの研究によって、アスペルギルス・オリゼーが活発に繁殖できるのは、気温28〜32℃・湿度70〜80%という環境下だということがわかっています。

日本の夏はまさに気温や湿度などの条件を満たしており、彼らにとってはパラダイス。そのような風土だからこそ、日本では、麹を存分に活用する独自の食文化が培われてきたのでしょう。

ユネスコ無形文化遺産に登録され、世界から高い評価を受ける和食。その基礎を築いたのは、まぎれもなく麹です。そして、その麹を支える麹菌の存在こそが、甘酒という稀有な飲みものや、醤油、味噌といった日本特有の発酵調味料を生み出し、私たちの食文化を豊かにしてきたのです。

現在、市販されている麹には、さまざまな分類があります。米麹や玄米麹、麦麹、豆麹といった原材料による分類、そして、麹を製品化する際の処理方法による分類です。

原材料が変わればもちろん、麹の味わいも変わります。しかし、国内で使用されている麹菌の多くは、アスペルギルス・オリゼーだと考えていいでしょう。

処理方法による麹のバリエーションには、生の状態である生麹のほか、乾燥させたものを板状にした板麹、板麹を細かくほぐしたバラ麹などがあります。

生麹と乾燥麹は、成分や効能に違いはありませんが、水分量が違うため保存期間に差があるほか、味も香りも異なります。

この本でつくる甘酒は、主に乾燥麹を使いますが、麹の扱いに慣れてきたら、さまざまな種類を試し、それぞれの違いを味わうのも楽しいでしょう。

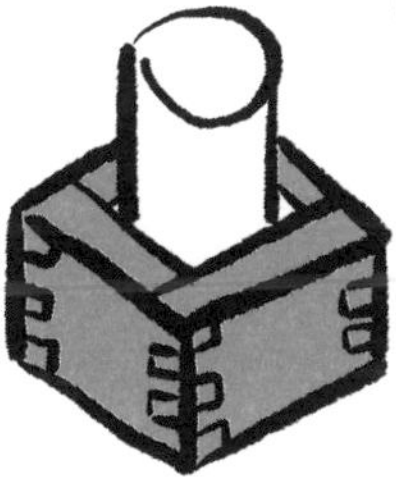

麹菌は日本の食文化の縁の下の力もち。たくさんの発酵食品を生み出し、古くから私たちの健康を支えてきた。

甘酒に関わる酵素の働き

甘酒の味や特徴について語るときに欠かせないのが、麹に含まれている酵素です。

酵素とは、生きものの消化や吸収といった変化を促進する道具です。つまり、酵素が働くことでさまざまな物質に反応を起こし、体内活動を下支えしているのです。

酵素と混同されがちな「酵母」が生きものであり、エサを食べたり排泄や生殖活動をしたりするのに対し、酵素は生きものではありません。エサも食べなければ、排泄や生殖活動をすることもない。たんぱく質でできた道具のようなものです。

消化する際には「消化酵素」、代謝する際には「代謝酵素」というように、目的に合わせて酵素を使い分けることによって、体内の働きが適切に遂行されるのです。

甘酒の発酵で活躍する酵素は、ここまでお伝えしてきたように、米のでんぷんやタンパク質を、ブドウ糖やアミノ酸に消化分解する働きをうながす道具といえるでしょう。

この酵素は、特定の目的にのみ使うことができるハサミのようなシンプルな道具ですから、熱やpHなどの影響で変形したり壊れたりすると、力を発揮できなくなります。刃が壊れてバラバラになったり、曲がったりすると、ハサミがものを切る道具として使えなくなるのと同じです。

ちなみに、野菜や果物などの酵素には、48℃を上回ると壊れるものも含まれます。生の野菜や果物を摂取する「ローフード」という食事法では、調理時の温度を48℃未満としていますが、これは、加熱によって酵素が失われることを防ぐためです。

しかし、甘酒づくりの際に働く酵素の適温は60℃ほどですし、海底火山の火口で働く酵素は200℃以上、シベリアの酵素は氷点下で活動しています。酵素にはその土地の生物が生きる環境でもっともよく働くようにつくられているのです。

代謝と消化、酵素のもつ2つの役割

少し専門的な話になりますが、ここで私たちが一生つきあっていく酵素について理解を深めていきましょう。

まず代謝とは、生命活動のうち体内における物質の合成や分解などの化学反応のことをいい、体内に必要な物質を摂り入れたり、不必要な物質を外界と交換したりします。

また、消化とは、食べものが容易に吸収・代謝されるような細かな成分に分解することで、口に入った食べものが排泄されるまでの消化器官の動きや、酵素や消化液などによる化学反応、さらには腸内細菌による分解を指しています。

酵素は、体内で起きるほとんどの化学変化に関わっています。

体内で働く酵素は、その役割に応じて6つのグループに分かれています。消化に関係する酵素のことは加水分解酵素といい、「消化酵素」として知られるものです。

消化酵素はその名のとおり、体内に入ってきた食べものを消化する働きを担います。

人間にとって食べものの消化は、生きるうえでの最重要事項ともいえる活動なので、通常、消化酵素は他の酵素よりも、優先的に分配されるようになっています。ちなみに、代謝酵素という、新陳代謝をはじめ免疫や治癒などに関わる酵素もあります。

私たちが食事から摂れる酵素は、消化酵素としてしか使えないという性質があります。ですから、食事から多くの酵素を摂り入れて、使える酵素を補うことが大切になってくるのです。

酵素は、主に野菜や果物、魚などの生の食材に含まれています。また、味噌や納豆、ぬか漬けなどの発酵食品も多くの酵素を含みます。

含有する酵素の数で比べると、発酵食品に軍配が上がるでしょう。麹を活用した発酵食品のなかには、元の食品からは摂れない100種類以上の酵素が存在します。麹の力を借りて食材を発酵させることで、食材そのものがもち合わせているよりもはるかに多くの酵素を生み出せるのです。

もちろん麴菌を使った甘酒にも、100種類以上の酵素が含まれます。

このような酵素が活躍するのは、たとえば病気になったときです。このときの私たちの体は、食欲がなくなるなど代謝が落ちた状態にあります。つまり、消化酵素の分泌も少なくなっていて、「今は消化をしている余裕などないよ」とサインを送っているのです。

甘酒にはこれまでお話ししてきたように、エネルギー代謝の補助をするビタミンB群のほか、体に負担をかけることなく体内に吸収されるアミノ酸やブドウ糖が豊富に含まれています。

さらに、消化を助けてくれる酵素であるタカジアスターゼという成分が含まれているのも注目したいところ。日本の近代バイオテクノロジーの父である高峰譲吉によって、1894年に麴菌から発見された糖化酵素で、現在も整腸薬に用いられている成分です。

病気のときにかぎらず、消化機能が落ちているなと感じるときは、無理して食事をとらずに甘酒を飲んでゆっくり休んだほうが、回復が期待できるといえるでしょう。

古くから、体調が優れない人は甘酒を飲むといい、といわれているのにはこのような理由があったのですね。

健康のために、そしていきいきと若々しい体を保つためにも、甘酒を積極的にとっていきましょう。

甘酒を生む発酵のしくみ

甘酒の栄養素と健康効果、おいしさの理由について学んできましたが、ここからは、お米から風味豊かな甘酒が生まれる過程を見ていきましょう。

冒頭でお話ししたように、甘酒の原材料は、米、麹、水です。

まず甘酒づくりは、精米した米を蒸しあげるところから始まります。その米に麹

製麹

米に麹菌を植えつける

糖化

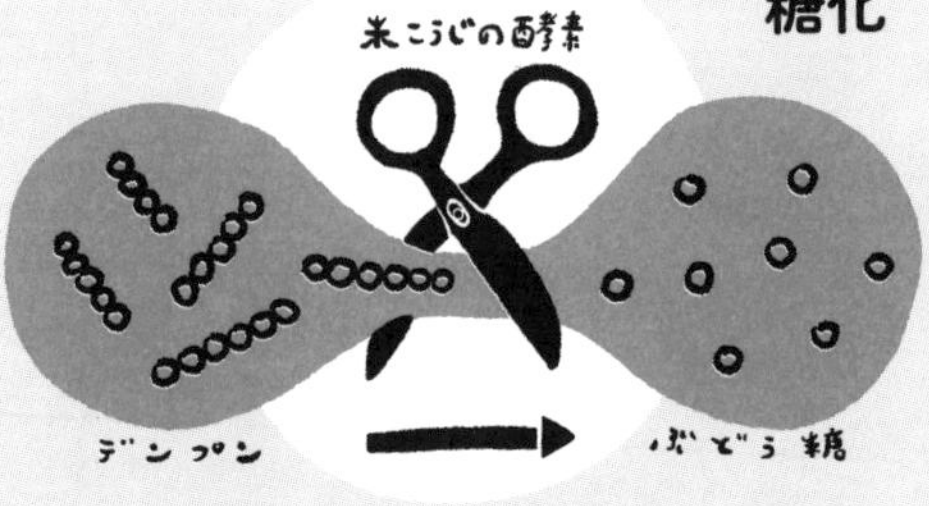

米麹の力で、でんぷん（大きな糖）を
ブドウ糖（小さな糖）に分解する

小さな糖を酵母に献上するとアルコール発酵し、日本酒がつくられる

酵母に献上する前の甘い液体を甘酒としていただいている

菌を植えつけて、米麹をつくります。できあがった米麹には、消化酵素がふんだんに蓄えられています。

次に、それを利用してでんぷんを小さい糖にする「糖化」工程を行います。米麹に米や水を加えて混ぜ合わせ、適温で寝かせると甘酒の完成です。


糖化の後、酵母を加えるとアルコール発酵の工程に入ります。

甘酒づくりに酵母は必要ありませんが、その甘さの秘密である糖化について知るために、少し寄り道して酵母についてお話しさせてください。

酵母と酵素は似ているけれど違うもの。酵母とは、糖を食べてアルコールと炭酸ガスに分解する生きもので、自然界では、穀物や野菜、果物などの食品に住み着いているほか、空気中にもごく普通に存在しています。

パンをつくるときにも活躍し、酵母が炭酸ガスの力でパン生地をふくらませてくれます。麦汁にビール酵母を加えてアルコール発酵させればビールになりますし、ブドウ果汁にワイン酵母を加えてアルコール発酵させるとワインになります。もちろん、日本酒をつくるときにも大活躍します。

ただし、酵母はとてもわがままな性格をしています。糖は糖でも、小さく分解された糖しか食べないのです。ですから、酵母の力を借りるためには、でんぷんなどの大きな糖は、あらかじめ分解するというひと手間が必要になります。

そこで登場するのが、糖化のプロセスです。お話ししてきたように、麹の力を使って、米に含まれているでんぷんを小さく分解し、酵母に食べてもらえるようにアレンジします。

このように日本酒をつくる過程で酵母のために生み出した甘い液体を、私たちは甘酒としていただいているというわけなのです。

甘酒などの発酵食品を摂り入れるということは、発酵の過程で微生物がつくり出し、使われずに捨てたものをありがたくいただいているともいえます。このように考えると、これまでとはまた違った視点で、甘酒を捉えられるのではないでしょうか。

理想の発酵には、環境のコントロールが欠かせない

発酵につきものなのが「腐敗」ですが、上手く発酵させるにはどのようにしたらよいのでしょうか。

具体的にいうと、微生物の働きで、人間にとって利益をもたらす物質がつくられていれば発酵、有害な物質がつくられていれば腐敗ということになります。

たとえば、牛乳に乳酸菌を加え、適切に温度管理して他の菌が入らないようにコントロールしながら発酵をうながすと、牛乳に含まれる乳糖が分解されて乳酸がつくられます。その結果としてできるのが、ヨーグルトです。

また、味噌の場合は、ゆでた大豆と麹菌、塩を混ぜ、塩分濃度を12～13％にすることで雑菌が増えないよう制御しています。そうすることでいい菌だけを増やし、人間にとって有益な味噌にしているのです。

このように、環境を整備して温度や湿度を適切に管理し、そこで働く菌をコントロールすれば、理想的な発酵が可能になります。

一方で、牛乳を常温や高い気温下で放置すると、雑菌が増殖し、味や匂いが不快なものになったり、食べるとおなかを壊したりします。このような状態になると、腐敗と判断されるのです。

また、市販のジュースに酵母が混入して炭酸ガスが発生し容器が膨らんでいたり、ハムが封入されたパックに乳酸菌が繁殖して白濁したりしていると、これも腐敗として扱われます。

主観の問題になりますが、たとえ、味や衛生面に問題がなかったとしても、口に入れたり販売したりするにはふさわしくない。そう判断される場面では、発酵ではなく腐敗とされるということです。

発酵させることで保存性がアップ

これまで見てきたように、甘酒は発酵という自然のいとなみによって、私たちにもたらされています。

甘酒をはじめとする発酵食品を簡単に説明するなら、「食物の成分を微生物や酵素の働きで好ましい物質に変えたり、保存性を高めた食品」だといえるでしょう。

発酵によって、甘みや旨み、健康効果が得られるという有益な作用を見てきましたが、発酵にはもうひとつ、大事なメリットがあります。


それは、食品の保存性を高められるということです。

食品を長期保存するには、乾燥、塩漬け、燻製などさまざまな方法がありますが、そのひとつが発酵です。

なぜ、発酵によって保存性が高まるかというと、発酵の過程で微生物がどんどん増えるからです。すると、腐敗菌を寄せつけず、当然腐ることもないのです。

微生物の世界では、特定の微生物が一定数以上存在していると、他の微生物が繁殖できないという法則があります。つまり、特定の微生物を増やし、腐敗するスキを与えないことで、結果的に食品の保存性を高めているというわけです。

また、発酵によって生成される乳酸やアルコールには、抗菌作用があるため、雑菌の増殖を抑える効果も期待できます。

発酵か腐敗かは「紙一重」に過ぎない

人間であれ、菌や微生物であれ、すべての生きものは、食べものを摂取して消化吸収し、さらには、代謝して排出するというサイクルを繰り返しています。そして、消化や代謝の過程で出た廃棄物を、体外に捨てながら生きています。

私たち人間の廃棄物は、糞尿や汗、二酸化炭素などですが、麹や酵母などの微生物の場合は、ビタミンやアルコールなどです。

しかし、発酵と腐敗は「紙一重」の差に過ぎません。というのも、価値観や食文化の違いによって、同じ現象が発酵にも腐敗にもなり得るからです。

16世紀に来日した宣教師ルイス・フロイスは、ヨーロッパと日本の文化を比較した著書『フロイスの日本覚書』で、このような記述を残しています。

「われわれにおいては、魚の腐敗した臓物は嫌悪すべきものとされる。日本人はそれを肴《さかな》として用い、非常に喜ぶ」。

この「魚の腐敗した臓物」が何を指すのか、お気づきの方もいると思いますが、ごはんやお酒の供として親しまれている塩辛です。日本人にとっては愛すべき発酵食品が、ヨーロッパの人々にとっては「腐敗したもの」として扱われることが、このエピソードからもわかるでしょう。

日本人に深く愛されてきた優秀な発酵食品の数々も、文化が違う人たちにとってみれば「腐敗したもの」でしかないというのは興味深いことです。


参考までに紹介すると、この逆パターンで、異なる文化圏においては「発酵」でも、私たちにとっては「腐敗」と感じられるものもあります。

アラスカに住むイヌイットは、アザラシの皮のなかにウミツバメを詰め込み、長期間にわたって凍土に埋め、独自の発酵食品をつくります。これを「キビヤック」といい、ウミツバメが発酵し液状になったものを、すするようにして食べるのだといいます。

激しい臭気があることでも知られるこの発酵食品は、私たちにとっては「腐敗したもの」と感じられるかもしれません。しかし、極北地域においてこの食品は貴重なビタミン源のひとつであり、祝い事の席でも供されるご馳走なのです。

このように、発酵と腐敗の線引きは、曖昧ながらもとてもシンプルで、食べる人にとって好ましいものは発酵、好ましくなかったり不調を引き起こしたりするものは腐敗ということになるわけです。私たちにとっては、なじみ深い発酵食品である甘酒も、文化背景が変われば見方が変わるのかもしれません。

しかし、このおいしく、また体にいい高機能飲料である甘酒が、日本人にとって欠かせない飲みものであることに変わりはありません。2章では、この国に甘酒が生まれ、現在に至るまでの歴史についてお話ししていきましょう。

japanese
fermentation

amazake

2章

甘酒の歴史を知る

甘酒は、いつどうやって生まれたの？

お米と麹、そして水さえあれば誰でもつくれて、おいしく、しかも体にも美容にもいい。そんな甘酒は、いつ誕生したのでしょうか。そしてどんな変遷を経て、現代へと受け継がれてきたのでしょうか。

2章では、過去のさまざまな文献から、甘酒の歴史をひもといていきましょう。

甘酒の原型は今をさかのぼること約1300年前、日本最古の歴史書（正史）である『日本書紀』（720年）に早くも登場します。

『日本書紀』は、古き神代《かみよ》の時代から第41代持統天皇までの歴史が記されている書物ですが、甘酒のルーツではないかと思われるものが2つ記されているのです。

そのひとつが、コノハナサクヤヒメがつくったといわれる「天甜酒《あまのたむさけ》」です。

コノハナサクヤヒメは、日本神話のなかでも一、二を争う美しい女神。この女神

が、アマテラスオオミカミの孫であるニニギノミコトと結婚し、子どもが誕生したお祝いとしてつくったといわれるのが天甜酒です。

『日本書紀』には、「神様に捧げる稲田の稲を用いて、天甜酒を醸《かも》してつくり、もてなす」とありますが、残念ながらその製法は残されていないので、名前をヒントに探っていきましょう。

「天」は、「天の」「神の」を表します。「甜《てん》」は、「甜菜糖」という言葉があるように、「甘い」の意。つまり天甜酒とは、「神様の甘いお酒」の意であり、美酒であったと考えられます。

コノハナサクヤヒメは、酒解子神《さけとけこのかみ》とも呼ばれ、今も、酒づくりの神様として信仰を集めています。甘酒の源流は、日本神話を彩る女神が子どもの誕生を祝い、また感謝を捧げてつくった甘いお酒にあるといっていいでしょう。

天皇に捧げられた甘酒のルーツ「醴酒」

『日本書紀』にはもうひとつ、甘酒の原型と思われる「醴酒《れいしゅ》」が登場。

奈良県吉野地方の国栖人《くずびと》（土着の民）が、この醴酒を、当時の応神天皇に献上したという記録が残っています。

醴酒に関しても、味や製法は記載されていません。しかし、のちほどお話しする平安時代の律令細則『延喜式』（967年）などによると、「醴酒とは、米、米麹、酒で仕込んだ一晩でできる甘い酒」とのこと。

米・麹（固形分）2、酒（液体）1の配合比率であり、かなり水分量の少ないつくり方です。また、酒で仕込むことから見ても、とても濃厚な甘口のお酒だったと思われます。

江戸時代にかけての文献に、「醴」と書

いて「あまざけ」と呼んでいたという記録が残っていることから考えても、この醴酒が有力です。

醴酒は現在も伝わっていて、伊勢神宮の御神事で、白酒《しろき》、黒酒《くろき》、清酒(日本酒)と合わせ、お神酒のひとつとして捧げられています。

日本書紀の時代から、甘酒は、天皇という最高の貴人に捧げる高級なお酒だったのですね。

『風土記』に登場する国内初の日本酒

さて、1章で「甘酒は日本酒をつくる過程で生まれる」とお話ししましたが、残された文献のなかでも、両者は「兄弟分」のような歩みをたどっています。

ここで少し、日本酒の歴史についてお話しすると、日本酒の原型が初めて登場するのが、『播磨国風土記』です。

風土記とは、第43代元明天皇の命令によって編まれた各地の地誌で、『播磨国風土記』には、今の兵庫県南西部の風土や文化について記録されています。このなかに、日本酒の始まりについての記述があるので、意訳をご紹介しましょう。

「神棚に供えたご飯が濡れてカビが生えたので、酒を醸し、神に捧げて酒宴を開いた」

麹はカビの一種ですから、ここでいうカビとは米麹であり、このときつくられたのが、日本酒だったと考えていいでしょう。また当時から、酒が神様へのご神饌《しんせん》であったことも、この記述からはわかります。

ところで、日本酒のルーツと聞いて、「口嚙み酒」の存在を思い出した方もいるかもしれません。そう、アニメ映画「君の名は。」で、主人公が神様へお供えする物として、口で嚙んでつくっていたお酒です。口嚙み酒は、米やいもなどを口で嚙み、唾液中の酵素で発酵をうながしてつくります。

この口嚙み酒は、『大隅国風土記』に記載されています。大隅国は、現在の鹿児島県東部の旧国名ですが、「口嚙ノ酒」の説明があるのです。それによると、「村人が集まり、神に捧げた米を嚙んで水とともに酒づくりの器に入れ、酒の香りが漂うころに、また同じ人たちが集合して飲む」とのこと。

『日本書紀』も同じ奈良時代の書物なので、もしかすると、先ほどお話したコノハナサクヤヒメがつくった「天甜酒」も、この口嚙み酒かもしれません。あくまでも推測ですが、古代に思いを馳せるのは楽しいですね。

奈良時代以降に見られる甘酒

古代、神様に捧げるお酒だった甘酒は、その後どのように変化していくのでしょう。

次に、甘酒らしき飲みものが登場するのは、奈良時代の終わりに編纂された『万葉集』(770年ごろ)です。

『万葉集』は日本最古の和歌集で、全20巻にも及び、主に、天皇家や公家の和歌が収められています。そのなかで異彩を放っているのが、歌人山上憶良が詠んだ「貧窮問答歌」です。

貧しい生活にあえぐ民の姿が描かれている貧窮問答歌のなかに、「糟湯酒《かすゆざけ》」という今でいうところの酒粕甘酒のような飲みものが詠まれた歌があります。

「雪が降り、風が吹く寒い夜に咳をしながら、塩をなめ、鼻をすすりつつ糟湯酒を飲んだ」

凍てつく冬の夜に、甘酒で暖をとっている姿が目に浮かびますが、この糟湯酒、実は甘くなかったようです。というのも、糟湯酒とは、酒粕をお湯に溶かしたもので、現在の酒粕甘酒に近かったと考えられるのです。

今の酒粕甘酒は、砂糖を加えて甘みを足しています。しかし当時、砂糖は身分

の高い人しか口にできない高級品。庶民が飲む糟湯酒に入れられるはずもありません。塩をなめていたのは、酒粕のわずかな甘みを際立たせるためだったかどうかはわかりませんが、糟湯酒は、苦しい生活のなかでひとときのやすらぎを与えてくれたのではないでしょうか。

甘酒の原型である醴酒は、濃厚で甘いお酒だった

平安時代に入ると、甘酒（醴酒）のレシピが明らかになります。

先ほどお話しした『延喜式』によると、「米4升、麹2升、酒3升を合わせて発酵させ、9升の醴酒をつくる」と書かれてあるのです。

『延喜式』は、養老律令について書かれた書物ですが、醴酒は天皇や公家に捧げるためのお酒で、旧暦の6月から7月末（現在の暦でおおよそ7〜8月前後）は、毎日この配合でつくっていたとのこと。

さらに、『和名類聚抄《わみょうるいじゅうしょう》』（930年代）という漢和辞典を見ると、醴酒は「こさけ」とも呼び、「甘い酒である」「一晩でできる一夜酒《ひとよさけ》」であると書かれています。

この配合と製法でできる醴酒の味は、現代でいえば「みりん」に近いと考えられます。特に、発酵期間が浅いみりんは色が薄く、クセのない味で、強い甘みと旨みがあり、強いていうなら梅酒のような味わいです。当時の貴族は、暑い時期に一夜でできる醴酒を、甘いリキュールを楽しむ感覚でたしなんでいたのかもしれません。

時代は下がって公家の力が弱まり、武家が台頭した室町時代。朝廷の年中行事や慣習の起源や変遷をまとめた『公事根源《くじこんげん》』（１４２２年）に、旧暦6月の行事として、醴酒を献上するという風習が記されています。

続く戦国時代には、宮中の女官が記した日記『御湯殿上日記《おゆどののうえにっき》』（１４７７年〜江戸末期）のなかで甘酒をいう御所言葉として「甘九献《あまくこん》」や「甘九文字《あまくもじ》」が見られます。

「甘酒」という言葉そのものが初めて文献に登場するのは、江戸時代直前の慶長年間のことです。当時出版された『易林本節用集《えきりんぼんせつようしゅう》』（１５９７年）という国語辞典に、「甘酒　醴」の項目が出てきます。

では、この「甘酒」という言葉はなぜ生まれたのか。察するに、中国から渡ってきた漢字である「醴」が日本では甘い酒だったことから、辞典の編纂者が、その意味通りシンプルに「甘酒」と表記したのだと考えられます。まさにぴったりの命名ですね。

このように歴史に登場した甘酒が庶民にどう広がったか、続いて見ていきましょう。

江戸は、甘酒天国だった

徳川幕府成立後、約260年も天下泰平の世が続いた江戸時代。

庶民文化が大きく花開き、高級品だった甘酒も一般の人々の間に次第に広まっていきました。その証拠に、甘酒は『料理物語』（1643年）などの料理本や随筆集、辞典、俳句などに登場するようになります。

当時の文献を見ると、饅頭などのお菓子や漬物にも甘酒が利用されていたことがわかります。甘酒は、貴重な甘味として広く親しまれていったようです。

ただし、江戸時代の初めごろは、まだそれまでと同じく、米、米麹、日本酒でつくられた甘酒が主流でした。私たちが知っているノンアルコールの甘酒がつくられ始めるのが、江戸中期にかけてのこと。当時出版された百科事典『和漢三才図会《わかんさんさいずえ》』（1712年）に、現在の甘酒に似たレシピが掲載されています。

その割合を見てみると、「米1斗、麹1斗、水1斗2升」。固形分が多くドロドロした、今でいうかたづくりの甘酒だったようです。

しかし日本酒は入っておらず、「一日でつくれる」とあるので、今の甘酒にかなり近かったことがうかがえます。しか

も、「搾らずに飲むか、粒が気になるようなら取り除いて飲んでもいい」との記載も。今も「粒あり、粒なし」で好みが分かれるところですが、当時の人も同じだったようですね。

そして、さすがは百科事典の『和漢三才図会』。甘酒が各地の祭りにもよく用いられていること。また、毎年旧暦の6月1日には天皇に献上されることも紹介されています。

江戸中期には、甘酒売りが登場

江戸時代も半ばになると、甘酒を売るお店や行商人が現れます。

この記述が見られるのは『守貞漫稿《もりさだまんこう》』（1853年）。江戸時代の庶民の暮らしがうかがえる書物で、京都・大坂と江戸の文化の違いを記録したものです。

この本によると、京都・大坂では、たいてい夏の夜に甘酒を売り、江戸では、四季を通して売られていたとのこと。値段は、京都・大坂で6文（約120〜180円）、江戸では8文（約160〜240円）。当時の人には、暑気払いにぴったりの滋養強壮ドリンクとして好まれていたのでしょう。

医師小川顕道の『塵塚談』（1814年）の引用に「甘酒は冬のものだと思っていたが、近ごろは四季を通して売られるようになった」とあります。浅草本願寺前をはじめとして、一年中甘酒を売っているお店が江戸中で4〜5軒あったそうです。

また、明和年間（1764〜72年）初期には冬の夜に売り歩くものであった甘酒は、次第に季節も関係なく商われるようになりました。

江戸の銭湯の様子を活写した式亭三馬の『浮世風呂』（1809年）では、子どもたちが寺子屋から帰る八下《やつさ》がり（午後二時過ぎ）、通りを売り歩く甘酒屋の様子が描かれています。

『守貞漫稿』の挿絵を見ると、京都・大坂の甘酒売りが担ぐ籠には小さなかまどが据えられ、暑さによる腐敗を防ぐために、甘酒を火にかけて温めながら売り歩いていたことがわかります。

また、江戸の甘酒売りの籠には、「もち甘酒」という文字が見られることから、もち米を使った甘酒もつくられていたようです。東西の文化の違いによって、売る時期も値段や材料も、それぞれに違いがあったのですね。

ちなみに、当時の出版物に描かれた甘酒売りの籠や看板には、「三国一」の文字がよく見られます。三国一とは、日本、唐（中国）、天竺《てんじく》（インド）で最も優れているという意味ですが、その意が転じて、富士山を指します。

富士山が一夜でできたという伝説と、甘酒の別名である一夜酒をかけ、また、三国一の富士山ほど素晴らしいという意味も込めて、この言葉が宣伝として使われたのでしょう。

甘酒
甘酒
三国一
三国一

さらに、甘酒の「生みの親」ともされるコノハナサクヤヒメは、富士山の神様でもあります。たった三文字の言葉に、さまざまな意味をもたせて甘酒を表現するとは、江戸っ子の遊び心が伝わってきます。

俳句に詠まれた甘酒

さて、江戸では一年中飲まれていたというものの、やはり甘酒の「旬」は夏でした。俳句の季語でも、「甘酒」は夏に分類されています。

代表的な俳人たちが詠んだ甘酒（一夜酒）の句をご紹介しましょう。

寒菊や　醴《あまざけ》造る　窓の前

松尾芭蕉（1644〜1694）

百姓の　しぼる油や　一夜酒

榎本其角（1661〜1707）

御仏《みほとけ》に　昼供《そな》へけり　ひと夜酒

与謝蕪村（1716〜1784）

一夜酒　隣の子迄　来たりけり

小林一茶（1763〜1828）

芭蕉の句には、寒菊という冬の季語も入っていますが、寒い時期に甘酒をつくる家の様子が目に浮かびます。また、甘酒を仏様や神社の神様に供えたり、近所の子にも飲ませたり……。甘酒が暮らしに密着していた様子が見えてきます。

この他にも、江戸から現代に至るまで、有名無名を問わず、多くの俳人が甘酒を詠んでいます。甘酒でほっこり一息つくと、思わず句心が動くのでしょうか。

甘酒を飲んで一句ひねるのを、甘酒の新しい楽しみのひとつにするのも面白いかもしれませんね。

明治・大正期、変わらず身近な甘酒

明治・大正時代に入っても甘酒は引き続き、手軽なおやつ代わり、栄養補給のための飲みものとして重宝されました。

甘酒売りも、ますます繁盛。「甘い、甘い」「甘い甘酒」などと呼び込みの声を上げながら、市中を売り歩いたそうです。1893年（明治26年）6月21日の読売新聞には、「甘酒売の増加」の見出しで、「昨今の暑さで、煮豆屋や納豆屋などから転職した者が多い」との記述が見られます。

販売道具の貸し出しや甘酒の卸《おろし》をする甘酒問屋も登場し、気軽に始められるところ、売り上げの半分が利益として手元に残るところも、この仕事の人気の一因でした。

大正はじめに出版された『変装探訪世態の様々』（1914年）に、当時のリアルな事情がうかがえる手記があります。

地方から上京した苦学生が、人夫や新聞配達などのアルバイトでは勉強する時間がとれず、悩んだ末に、甘酒売りを始めた体験が克明に記されているのです。甘酒問屋から道具一式を借りた彼は、午後2時過ぎに商売を開始。午後8時半にはすべて売り切りました。売上は上々で、早く甘酒売りを始めなかったことを後悔したと書いています。

他にも、このころに書かれた文献を見ると、甘酒売りが割のいい仕事であるとする記事が散見されます。

そんな甘酒売りの繁盛期は、やはり夏。

特に、夕涼みごろに売り歩く姿は名物となっていた様子。1915年（大正4年）8月13日の読売新聞「甘酒の行商、夏の夜の一名物」と題した記事を見てみましょう。

それによると、「丹塗《にぬ》りの台を、ただひとつの資本に呼び歩く甘酒屋」は夏につきもので、市中に200軒程度はあるのではないかとのこと。

夏の夕暮れ、朱く塗られた籠を担いで江戸の町を歩く甘酒売りの姿は、きっと風情があったことでしょう。

ただし、9月になると甘酒売りはめっきり暇になり、商売替えをする人も多かったとか。今の感覚だと、寒い時こそ……と思いますが、暑い時期に熱い甘酒をふうふういいながら飲むのが、江戸っ子の粋だったのかもしれません。

大正時代、甘酒がよく売れたのは、労働者の多い街、浅草や四谷、麻布、赤坂などだったそうです。また、学生街の神田、本郷、芝浦、芸者屋や料理店の待合茶屋でも売れたとのこと。もちろん、子どもにも人気がありました。現代のようなコンビニもなかった当時、老若男女が甘酒売りがやってくるのを楽しみに待っていたのではないでしょうか。

そんな姿を、俳人正岡子規（1867～1902）が詠んでいます。

甘酒や　蟇口《がまぐち》探る　小僧二人

甘酒を買おうとして小銭を探している商家の小僧さんの姿が目に浮かぶようです。

子規は、他にも甘酒の句をいくつか残しています。当時の甘酒づくりの様子を詠んだ句をご紹介しましょう。

味噌つくる　余り麹や　一夜酒

味噌と甘酒にどんな関係があるのか不思議かもしれません。今も昔も田舎の方では、冬に味噌を仕込む習慣が少なからず残っていて、そのときに多めに仕込んでおいた麹を使って、甘酒をつくる例がよく見られます。

味噌屋さんや醤油メーカーが、自社で使っている麹で甘酒をつくり、販売しているケースも珍しくありません。子規のこの句は、当時からそんな甘酒づくりが一般的に行われていたことを教えてくれます。

甘酒の栄養成分が明らかに

西洋化が進んだ明治・大正期には、科学の力が、甘酒のもつビタミンや糖分などの栄養素を明らかにし、その健康効果に注目が集まり始めました。

ある医学博士は、消化酵素を含む甘酒は、飲み過ぎに注意さえすれば、子どもが飲むのに適していると書いています。

さらに、1904年（明治37年）には、国立醸造試験所（現在の独立行政法人酒類総合研究所）が設立され、甘酒の成分分析が本格的に始まりました。

医学博士であり、同研究所の技師が1926年（大正15年）11月23日に書いた読売新聞の記事には、ブドウ糖が含まれている甘酒は栄養価が高いだけでなく、消化酵素ジアスターゼがたくさん含まれていると記されています。記事によれば、甘酒が食べものを消化する力は、「人間の腸液にも劣らぬほどの働き」があるとのこと。

そのおいしさ、そして、この時期に次々と明らかになった栄養価値を考えると、私たちの先祖が甘酒という飲みものを生み出したのは、まさに奇跡といっていいのかもしれないとも思えてきます。

ふたたび見直される甘酒の魅力

江戸期から明治、大正と人々に親しまれた甘酒売りたちは、ある出来事を境に、姿を消してしまいます。

その出来事とは、1923年（大正12年）に起きた関東大震災です。関東大震災以降、甘酒売りに関する記事はほとんど見当たりません。

甘酒そのものの存在感も、次第に薄れていったようです。「昭和の初めごろまでは甘酒が東京の名物で、盛り場では甘酒屋が人気を呼んでいた」という記録はあるものの、百貨店や甘い西洋菓子の登場で、甘酒離れが進んでいきます。

都内の神社に残る資料を見ても、「昔の子どもは甘酒を喜んで飲んでいたのに、百貨店でお菓子が売られるようになり、子どもが見向きもしないので、お祭りで甘酒を売る人が減った」とのこと。

その後、ふたたび甘酒に脚光が当たるのは、日本が第二次世界大戦に突入してか

ら。
物資不足で砂糖が貴重品になるなか、お米と麹さえあれば簡単にできる甘酒が見直されていきました。国立醸造研究所がまとめた学会誌のなかでも、甘酒が入手難の紅茶、コーヒー、乳酸飲料、炭酸飲料、汁粉などの代わりに盛んに飲まれたとあります。

戦時中、国内生産のお米には使用制限がかかっていたものの、都内では輸入米で甘酒がつくられ、店頭販売や瓶詰めで売られていたそうです。

また、自分たちで甘酒をつくることも奨励されました。

1943年（昭和18年）12月3日の読売新聞では、「節米になり糖分も摂れる」として、おかゆ代わりに甘酒をつくる方法がくわしく書かれています。さらに、『決戦食生活工夫集』（1944年）では、甘いものが欲しいときのために、お米と麹で甘酒をつくる方法を紹介。いざというときの貴重な甘味、そして栄養補給剤として、頼りにされてきた甘酒の姿が見えてきます。

甘酒が、現代に根強く残った理由

しかし戦争が終わり、1955年（昭和30年）から高度経済成長が始まると、甘酒はまた影の薄い存在に……。特に都市部では、甘酒に関する情報は見られなくなります。

これは、テレビ、洗濯機と並んで家電の「三種の神器」のひとつだった冷蔵庫が登場し、人々の生活様式が変わったこと。また、次第に日本人の食生活が西洋化していったことが原因として挙げられるでしょう。

それでも甘酒は、農村部や山村などを中心として根強く残り続けました。

その大きな要因が、お祭りや御神事で甘酒を神様に捧げ、そこに集った人たちに振る舞うという古来の習慣が途絶えなかったことでしょう。

今でも甘酒というと、なんとなく「寒い時期に、神社やお寺で飲むもの」というイメージがあるのは、何十年、何百年も昔から、私たちの先祖が甘酒をつくり、神に供え、そして自分たちも一緒にいただいてきたからなのです。

このように、神様と人がともに同じものをいただく文化を「神人共食《しんじんきょうしょく》」といいます。この神人共食には、神様は人間の信仰心を得て、人は神様からのご加護を得るといった意味が込められています。

日本人は古くからこの伝統を大切にしてきました。特に、日本酒や甘酒、お餅などお米の加工品は重要で、御神事では必ずお供え物として登場します。

それはなぜか。お米は本来、天界で神様が育てていた作物で、人々のために地上にもたらされたという神話があるからです。その感謝を込めて、今でも日本中のお祭りで米やその加工品が供えられているというわけです。

もちろん、甘酒もそのひとつです。御神事や祭りの一部に甘酒を用いている神社や、現在わかっているだけでも150以上あります。

そんな甘酒は、今また注目されています。そのきっかけとなったのが、2011年(平成23年)に起きた塩麹ブームです。関連して起きた発酵ブームで甘酒にも光が当たり、健康意識の高い女性を中心として、甘酒の価値が見直されるようになりました。

大小問わず、さまざまなメーカーが多種多彩な甘酒を発売し、同時に、手づくり志向も広まっているのが、現在の甘酒ブームの特徴かもしれません。

甘酒は、今後もますます日本人の暮らしを楽しく豊かにしてくれそうです。神代ころから伝えられたこの貴重な財産に感謝して、さらに活用し、後世に伝えていくことが、私たちの役割だといえるのではないでしょうか。

個性豊かな海外の甘酒たち

国内の歴史を見てきましたが、ここで、海外の甘酒にも目を向けてみましょう。

甘酒やその仲間は、日本だけでなく、東アジアから東南アジアの広い地域に存在しています。これらの地域には、米や麴菌（カビ）を使った発酵文化、酒づくり文化があるのが特徴です。また、日本の甘酒と同じように、アルコール発酵する手前の甘い状態で飲むところも共通しています。

まずはお隣の国、中国には「酒釀《ちゅーにゃん》」という甘酒があります。この酒醸は台湾にもあり、中国食品専門店などに行くと、日本でも入手できるポピュラーな甘酒です。甘みが強く、フルーティーな香りで、つぶつぶ感はあるもののさらりとして飲みやすく、ほんのりした酸味と強い旨みがあるおいしい甘酒です。

韓国にも、甘酒に似た「シッケ」という飲みものがあります。日本の甘酒は麹菌で発酵させますが、シッケは、麦芽（モルト）を使うのが特徴です。麹菌による糖化ではなく、植物である麦芽の酵素を利用して甘くしており、生姜のような独特の香りがします。風味も生姜湯の甘さに近く、ほのかなコクとほどよい旨みがあります。米粒は少し残っていますが、つぶつぶ感はあまりなくあっさりとした味わいです。

東南アジアでも、個性豊かな甘酒に出会えます。

タイの「カオマーク」は、「ルクパン」というモチ麹でつくられています。タイではコンビニや市場など至るところで売られている飲みものです。「カオ」は米、「マーク」は「豊富」という意味だそうですが、日本のかたづくりの甘酒と同じよう

カオマーク

にドロドロ感が強く、噛みごたえ、飲みごたえ十分。味は、商品によって個性があるものの、お米でできているとは思えないほど芳醇な果実の香りと濃厚な甘みがあり、トロピカルな味わいを楽しめます。

ベトナムには、「コムルウ」という伝統的な発酵飲料があります。コムルウは、もち米や玄米などを蒸し、「メン」という麹菌を入れ、2〜3日常温発酵させてつくります。アルコール分もあり、つぶつぶ感はあるものの、果実や吟醸酒のようなフルーティな香りが混じって、日本酒や缶チューハイを思わせます。

他にも、モチ麹を使ったフィリピンのビヌブダン、インドネシアのタペ、マレーシアのタパイなど、バラエティに富んだ甘酒がアジア各地には存在します。ぜひ機会を見つけて味わってみてください。

japanese
fermentation

amazake

3章

甘酒をつくる、
味わう

ここまで、麹からつくられる発酵食品である甘酒の魅力や背景を深ぼってきました。

そんな甘酒は、発酵食品のなかでも手づくりするのがもっとも簡単だといわれています。

3章では、基本の甘酒から毎日の食卓できっと役立つアレンジ法までをお伝えしていきます。

基本の甘酒

はじめての方でも失敗しにくいストレートタイプの甘酒です。発酵って聞くとむずかしそうですが、意外と手間いらず。（冷蔵庫で1週間、冷凍庫で2カ月ほど保存可能）

材料

米………1合（150g）

米麹……200g

つくり方

①米1合に対し5.5倍の水を入れ（白米の3合またはおかゆの1合メモリでも可）、炊飯器でおかゆを炊く。

②炊きあがったおかゆが入った窯をボウルに入れて流水にさらす。約60℃になるまでかき混ぜながら温度を下げる。

③②に米麹を加えて、よく混ぜ合わせる。

④炊飯器のふたを開けたままふきんをかけ、保温モードで発酵を行う。途中で中身をかき混ぜながら、6〜8時間発酵させて完成。

◎**濃縮タイプをつくりたい場合は**

米1合に対し3.5倍の水を入れます（白米の2合メモリでも可）。あとは基本の甘酒と同じつくり方でOK。

発酵のポイント

＊甘酒メニュー搭載の炊飯器を使用する場合は除く

① 保温温度は60℃を守ること

・温度が60℃より低い場合…
酵素の働きが弱くなるため甘くなりません。保温モードのスイッチが切れてしまったときは、再度設定したあと2時間ほど様子を見てみましょう。

・温度が70℃より高い場合…
酵素が壊れてしまうため甘くなりません。高温になりすぎると取り返しがつかないので、炊飯器のふたは閉めないように気をつけましょう。

＊保温温度が50℃より低い場合、乳酸菌が繁殖して酸っぱくなることがあります。そんなときはヨーグルトと混ぜたり、塩麹やドレッシングとして使ったりするのがおすすめです。

② よく混ぜること

仕込んでから1〜2時間ほどはまめに、発酵中も気づいたときに混ぜましょう。おかゆと麹をなじませることが上手く発酵させる秘訣です。

MEMO
すぐに飲まないぶんは冷凍庫での保存がおすすめ。ジッパー付き保存袋に薄くのばした状態で入れておくと、必要なときに割って使えて便利です。

米麹だけでつくる甘酒

麹本来のおいしさを味わえる甘酒です。朝出かける前に仕込んでおくと、ランチタイムにはできたてを楽しめます。（消費期限は当日中）

材料

米麹……50g

つくり方

① 魔法びんに沸騰したお湯を入れ、ふたをしめて逆さにして置く。

＊ふたの裏側の殺菌のために行う。中のお湯は捨てておく。

② 米麹と65〜68℃に冷ましたお湯150㎖（分量外）を入れてよく混ぜる。

③ しっかりとふたをしめて、6時間前後発酵させて完成。

同じ甘酒のつくり方でも、使用する麹のタイプや原材料によって甘さや味わいに変化を生み出すことができます。

麹による違い

市販されている麹には、乾燥麹と生麹の2種類があります。

◎**乾燥麹**

水分10％くらい。常温で約半年ほど保存可能。

◎**生麹**

水分30％くらい。要冷蔵で1～2週間ほど保存可能。冷蔵や冷凍で販売している場合もあります。

生麹は乾燥麹より水分量が多く固形分が少ないため、同量でつくると甘さ控えめの仕上がりになります。乾燥麹でつくる甘酒と同じ甘さを出したい場合は、麹を1.3倍量使いましょう。

＊１００g当たりの固形分は、乾燥麹の場合は92g（92％）、生麹の場合は70g（70％）。固形分量を同じにするには、およそ1.3倍量（生麹70g×1.3＝91g）で同じくらいになるという計算です。

原材料による違い

白米や玄米を使った甘酒以外にもさまざまな甘酒があります。

◎**穀物**

おかゆをつくるときに、古代米の一種である黒米、もちきび、雑穀ごはんの素などを混ぜると、白米とは違った味わいやプチプチとした食感の変化を楽しめます。ほかにもめずらしいものだと、たかきび（もろこし）、そばの実（アレルギーのある方はご注意ください）などもおすすめです。

◎**野菜**

糖度の高いかぼちゃやさつまいもといった野菜は、米麹と合わせることで「発酵あんこ」になります。濃縮タイプの甘酒の仲間で、あんこやジャムの感覚で楽しめます。

かぼちゃの発酵あんこ

お砂糖を使わずに麹で発酵させて甘みを引き出します。体にやさしい甘さなので安心して料理に使えるほか、水分を増やしてあげると変わり種の甘酒にもなります。

材料（つくりやすい分量）

かぼちゃ……400g

＊お好みで皮をむき、1㎝くらいの薄切りにする

米麹……200g

水……100㎖

つくり方

① かぼちゃは蒸し器や電子レンジで串が通るくらいまで蒸し、粗熱をとる。

② 炊飯器に米麹を入れ、蒸し上がった①をのせる。

＊お好みで皮をむき、1㎝くらいの薄切りにする

③ 水を加え、米麹とよく混ぜ合わせる。基本の甘酒を同じく、途中で中身をかき混ぜながら、8時間前後発酵させて完成。

◎**さつまいもでつくる場合は**

加える水を200㎖に増やします。あとはかぼちゃと同じつくり方でOK。

MEMO

そのままでも米の粒感が楽しめますが、ミキサーで攪拌することで、おしるこやポタージュスープのような、なめらかな食感になります。

ここからは甘酒を使ったアイデアレシピを紹介していきます。

甘酒の自然の甘さや旨みはもちろん、ブドウ糖やビタミンB群、食物繊維など健康面にもうれしいメリットを感じながら、ぜひ毎日の習慣に取り入れてみてくださいね。

体がととのう甘酒ドリンク

いつもの一杯に甘酒をプラスしてみるのはいかがでしょうか。ブドウ糖の効果で目覚めもばっちり、オリゴ糖の力でお腹もすっきり。

◎**カフェラテ**
コーヒー2：甘酒1

◎**ミルクティ**
紅茶2：甘酒1

◎**ココア**
ココア1：甘酒1

◎ **ノンカフェインがお好みの方は**

豆乳やアーモンドミルクとも好相性で、1：1で割るのがおすすめです。ヨーグルトには甘味料として加えたり、1：1で割ってラッシーのように飲んだりするのもさわやかで美味。トッピングとしてきなこをかけると香ばしいアクセントになります。

MEMO

使用する甘酒は、酸味や粒感のないストレートタイプがおすすめです（P.154参照）。

甘酒でつくるやさしいおやつ

甘酒は乳製品や甘味料として使うことができます。たとえば、パンケーキに使う牛乳を甘酒に置き換えれば、お砂糖いらずのヘルシーな仕上がりに。

甘酒アイス

材料（つくりやすい分量）

甘酒……200㎖
ココナッツミルク……200㎖

つくり方

① 甘酒とココナッツミルクを1：1の割合で混ぜ、冷凍する。

② 時折フォークでかき混ぜて、空気をふくませる。2時間前後で完成。

◎ **アレンジしたいときは**

できたアイスをフォークでクラッシュして、パイナップルやあずきなどお好みのトッピングと一緒にグラスに盛りつければ、即席チェー（ベトナム風かき氷）になります。

砂糖も生クリームも使わないアイスクリーム。
冷凍庫にあるときっとうれしい。

甘酒寒天

材料（つくりやすい分量）

甘酒……200㎖
水……200㎖
桃やみかんなどお好みの缶詰……1缶（300㎖）
＊缶詰の汁は使わない
寒天（粉）……4g

つくり方

①水、寒天を鍋に入れて中火にかけて、沸騰したら弱火で1分ほど火にかけて煮溶かす。

②①に残りの材料を入れてよく混ぜ合わせ、お好みの型に入れて冷蔵庫で2時間ほど冷やし固める。

③固まったら食べやすい大きさにカットして、器に盛って完成。

乳白色の寒天からたっぷりのフルーツがのぞき、
目にも楽しいスイーツに。

甘酒スムージー

材料（つくりやすい分量）

甘酒……………………200㎖

パイナップルやみかん、いちごなど季節のフルーツをお好みで

つくり方

甘酒とお好みのフルーツをミキサーで攪拌する。

＊甘酒とフルーツを1：0.8くらいの割合でたっぷり入れると、甘酒が苦手な人でも飲みやすくておいしいです。

クリーミーな口当たりと爽やかな
甘さが広がる、やさしいドリンク。

MEMO

使用する甘酒は、合わせやすい酸味のないストレートタイプはもちろん、お好みで酸味のある甘酒を使うと甘酸っぱい味わいを楽しめます（P.154参照）。

甘酒は万能な調味料

甘酒は毎日のおかずにも使うことができます。水や乳製品の代わりに使うとコクが生まれたり、酒やみりんの代わりに一人二役で活躍してくれたりと大変便利なのです。

材料（つくりやすい分量）

甘酒……200㎖
トマト……2個
＊くし切りにする
玉ねぎ……小⅛個
＊くし切りにする
バジル……お好みで

冷製スープ

つくり方

① 切ったトマトと玉ねぎを耐熱容器に入れ、ふわっとラップをかけて1分50秒（600W）加熱する。柔らかくなったら粗熱をとる。

② ①と甘酒、バジルをミキサーで攪拌して器に注ぎ、冷蔵庫で1時間ほど冷やして完成。

◎ **もっと簡単につくりたいときは**

トマトジュースと甘酒をお好みの割合で割ってバジルを添えれば、即席冷製スープになります。

あっさりと楽しめるガスパチョのような一品。
甘酒とさわやかな夏野菜は好相性。

白和え

材料（2人分）

- A 甘酒……大さじ½
- 木綿豆腐……75g
- しょうゆ……大さじ1
- すりごま……大さじ½
- 塩……3つまみ

- 春菊……5把
  ＊3cm幅に切る
- 人参……適量
  ＊短冊切りにする

つくり方

① 春菊、人参をさっと湯がく。
② Aをすり鉢ですり、①とあえて器に盛れば完成。

酒と砂糖は甘酒ひとつに置き換えられます。
まろやかな甘さが食材となじんでおいしい。

万能だれ

材料（つくりやすい分量）

ピーナッツバター	20g
甘酒	15g
豆たまり	5g
ごま油	2g
塩	1g
りんご酢	3g

つくり方

すべての材料をダマにならないように、よく混ぜて完成。

MEMO

ピーナッツバターによって味の濃さが変わるので、適宜調整してください。

東京・原宿にあるマイバインミー
byグルテンフリートーキョーの秘伝レシピ。
鶏ハムや蒸しなすにかけるのもおすすめ。

唐揚げ

材料（つくりやすい分量）

鶏もも肉……………………500g

＊大きめの一口大に切っておく

A 甘酒……………………大さじ2

　塩……………………小さじ2

　しょうゆ……………………大さじ1と½

　すりおろししょうが……………………小さじ2

片栗粉……………………大さじ10

ごま油……………………適量

つくり方

① 鶏もも肉とAをポリ袋に入れて10分ほど漬け込む。

＊手づくりの甘酒でつくると、酵素の働きでお肉がジューシーになる効果も。

② ①に片栗粉を入れてよくなじませる。

③ フライパンにごま油を3㎝深さまで入れ、冷たい油に②を並べ入れ強めの中火にかける。両面色よく揚げて完成。

酒やみりん、砂糖の代わりに甘酒で漬け込むと、時短でお肉が柔らかくなります。

MEMO

使用する甘酒は、濃縮タイプがおすすめです。（P.97「基本の甘酒」の濃縮タイプを使いました）

甘酒と相性のいいアルコール

甘酒に含まれるブドウ糖はアルコール分解をうながす働きがあります。まろやかな甘みのおかげで、お酒の味が苦手な人でも飲みやすいカクテルに。

◎ **ビール**

ビール1：甘酒0.8〜1

◎ **ハイボール**

ハイボール1：甘酒0.8〜1

◎ **レモンサワー**

レモンサワー250㎖：甘酒大さじ3〜5

甘酒が隠し味の応用レシピ

材料（1人分）

スパゲッティ……80g
オリーブ油……大さじ2
ウインナー……3本
＊輪切りにする
玉ねぎ……小½個
＊薄切りにする
マッシュルーム……小3個
＊薄切りにする
ピーマン……1個
＊短冊切りにする
甘酒……小さじ2
トマトケチャップ……大さじ4
しょうゆ……少々
バター……5g
粉チーズ……お好みで適量

ナポリタン

つくり方

① 鍋に湯を沸かし、スパゲッティを表示時間より1分長めにゆで始める。

＊水1リットルに対し、塩大さじ1を入れる

② フライパンにオリーブ油を入れて中火にかけ、ウインナーと玉ねぎを炒める。玉ねぎが透き通ってきたら、マッシュルーム、ピーマン、甘酒を加えてさらに炒める。

③ ピーマンの色が鮮やかになったら、具材を端に寄せておく。空いたスペースにケチャップを入れ強めの中火で加熱し、煮立ってきたら具材と混ぜ合わせる。

④ ③にゆであがったスパゲッティとゆで汁大さじ2を加え、よく混ぜ合わせる。

⑤ しょうゆをフライパンの底から加え、バターを加えて全体をよく絡め皿に盛りつけて完成。

ときどき無性に食べたくなる
定番の喫茶メニューにも甘酒が合うのです。

レバーパテ

材料（つくりやすい分量）

カシューナッツ（生）……70g

＊30分以上熱湯に浸水させておく

にんにく……1.5g

＊みじん切りにする

豚レバー……200g

＊5cm角に切り、ブランデーに漬けておく

ブランデー……13g

豚肩ロース肉……200g

＊5cm角にする

豚ひき肉……130g

甘酒……100g

A 塩……3g

白こしょう……0.5g

シナモン……1.5g

つくり方

① 蒸し器に6㎝ほど水をはり、火にかけておく。

② カシューナッツとにんにくをフードプロセッサーにかけて、ペースト状にする。

③ ②のミキサーに、豚レバー、豚肩ロース肉、豚ひき肉、A、甘酒の順に入れてなめらかになるまで攪拌する。

＊レバーを入れるときに、臭みとりに使ったブランデーも一緒に入れる

④ ③をバットに入れ、しっかりとアルミホイルでふたをし、弱火にかけた蒸し器で60～70分蒸す。

＊竹串をさして、肉汁が透明になるころが目安

⑤ 氷水で冷ましたパテを軽く混ぜたら完成。

こちらもマイバインミー by グルテンフリートーキョーより。
甘酒やナッツの良質な油のおかげでクリーミーなのに軽やか。

チキンカレー

材料（2人分）

- 玉ねぎ……1玉
  ※みじん切りにする（200g）
- 鶏もも肉……200g
  ※一口大に切る
- A カレー粉……大さじ1
- 　甘酒……大さじ2
- 　すりおろししょうが……小さじ1
- サラダ油……大さじ2
- B トマト水煮缶……200g
- 　塩……小さじ½
- 　しょうゆ……大さじ1
- 　カレー粉……小さじ1

つくり方

① ボウルに鶏もも肉、Aを入れてよく和える。

② フライパンにサラダ油をひき、中火にかけ、玉ねぎを透明になるまで炒める。玉ねぎはフライパンの周りに寄せておく。

③ フライパンの中央にAを入れて鶏もも肉を両面焼き、Bを加えて全体を混ぜながら5分ほど煮込んで完成。

◎ **スパイシーなカレーがお好みの場合は**
カレー粉小さじ1を工程③でプラスする。

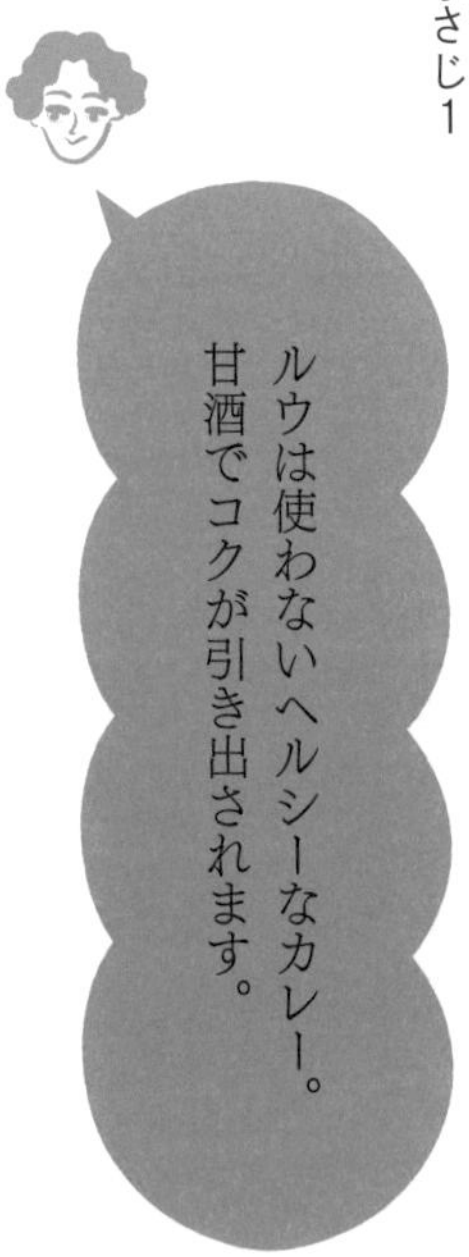
ルウは使わないヘルシーなカレー。
甘酒でコクが引き出されます。

japanese
fermentation

amazake

4章

甘酒の祭りを たずねる

猪《いの》鼻《はな》熊野神社の伝統ある奇祭

甘酒こぼし

もともと神様に捧げるご神饌としてつくられていた甘酒は、2章でお話ししたように、長年、各地のお祭りと深い関わりをもってきました。全国には、現在確認できているだけでも、150以上もの甘酒にまつわるお祭りが存在しています。

ご神事の主役として甘酒が重要な役割をするお祭りや、甘酒が参拝者に振る舞われるお祭りなど、その用いられ方はさまざまですが、調査や取材を重ねてみると、独創的なお祭りが多数あることがわかります。

4章では、筆者がこれまで参加してきたお祭りを中心に、各地の甘酒祭の様子をご紹介していきましょう。

最初にご紹介するのは、埼玉県秩父市、猪鼻熊野神社の甘酒祭。ふんどしひとつで甘酒をかけあう「甘酒こぼし」といわれるご神事が有名なお祭りです。

このお祭りの起源は奈良時代、約1300年前にさかのぼります。

もともと猪鼻熊野神社は、東北地方を治めるために旅していたヤマトタケルノミコトがこの地を訪れ、人々を苦しめる猪を倒したお礼に、村人がにごり酒を献上したことから創建されました。

その後、奈良時代に疫病が流行した際、村人たちはこの厄災を洗い流そうと濁り酒を甘酒に変えて、裸でかけあいました。これが、736年(天平8年)、甘酒こぼしの始まりだそうです。

以後、このお祭りは、ひっそりとした山間部にあるこのお社で、悪疫退散や厄除けを願う神事として受け継がれ、めずらしい奇祭として見物客を集めてきました。

男たちが甘酒をかけあい、厄を落とす

このユニークなご神事が行われるのは、暑い盛りの毎年7月第4日曜。定員は、男性60名と限られていますが、申し込みをすれば一般の人でも参加可能です。甘酒こぼしの参加者は、午前9時からの受付を済ませ、ふんどし、はちまき、わらじの「三種の神器」をいただきます。

午前中の式典のあと、一般参加者は、氏子の方々とご神前でともに直会《なおらい》(神事の後に飲食すること)。午後1時から始まる甘酒こぼしに向けて、上気を高めます。

その後、ふんどし姿に着替えて、見物客でひしめきあう境内に出ると、しめ縄を巡らせた会場の中央に、大樽に入った甘酒がうやうやしく登場。

大天狗に扮した氏子さんの先導で宮司さんが現れ、祝詞《のりと》を読み上げて甘酒へのお祓いが行われます。会場は、一気に神聖な雰囲気に包まれ、いよいよ甘酒こぼしのスタートです。

甘酒こぼしが始まったとたん、先ほどの厳かな空気が一転。「いけー！」「もっと、

もっと！」などの大きなかけ声とともに、各自が手にした桶から空中めがけて、甘酒がいっせいに勢いよく放り出されます。

池から汲んできた水が樽にどんどん足されていくので、甘酒は次第に薄まりますが、すぐにはなくなりません。雨のように降る甘酒をバシャバシャ浴びながら、熱気あふれる男たちがもみくちゃになり、汗や厄を洗い流していきます。

会場に撒かれる甘酒の量はすさまじく、境内の階段から下の道路に向かって、滝のように流れ落ちていく様子は壮観です。

30分ほどして甘酒がなくなると、大樽を転がしながら池まで運んで終了。

気がつくと、夢中で甘酒をかけあっていた私の肌は、まるで温泉にでも入ったかのようにすべすべに……。甘酒の美肌効果を実感するという意外な発見もありました。

地元保存会で守られる1300年の伝統

甘酒こぼしで使われる甘酒は、麦と麦麹で仕込まれており、「麦甘酒」と呼ばれるめずらしいもの。独特の酸味と風味があり、おいしい甘酒です。滋養が高く、昔は家々で薬の役割も果たしていたそうです。

ご神事の前には、参拝客の方にも甘酒が振る舞われます。この甘酒を飲んだりかけられたりした者は、その一年健康に過ごせるとか。

過疎化が進んだ今では、仕込みも含めて、地元で結成された甘酒こぼし保存会によって運営されています。前日から始まる仕込みでは、保存会の方たちが夜通し温度管理しているとのことでした。

ふんどし姿の男性たちが、お互いに甘酒をかけあう。ただそれだけのシンプルなご神事ですが、そこには、甘酒によって災いを祓うという願いを込めて、１３００年もの間、大切に受け継いできた先人の歴史がありました。また、その思いを子孫につないでいこうとする地元の方々の思いがありました。

室《むろ》神《しん》明《めい》社《しゃ》のユニークな神事

お櫃《ひつ》割《わり》

赤飯の入ったお櫃と甘酒が登場するユニークなお祭りが、愛知県西尾市にあります。

徳川家康の父、松平広忠も崇敬した室神明社で、祀られているのは伊勢神宮（外宮）の御祭神でもあるトヨウケノオオミカミ（豊受大御神）。松平広忠が奉納したという三つ葉葵の紋が境内や社殿に見られ、徳川家との縁の深さを感じさせる神社です。

この神社では、収穫への感謝が込められた秋の例大祭で、「お櫃割」のご神事が行

われます。主役は、赤飯が詰められた大きなお櫃と、その年の厄男たち十数人。

あらましを説明すると、そろいの法被《はっぴ》を着た厄男たちが一丸となってお櫃のふたを素手で叩き割り、中に入っている赤飯を参拝客にふるまうという行事で、甘酒は御神事が始まる際に、厄男たちにかけられます。

「お鉢割り」とも呼ばれ、江戸時代後期に、五穀豊穣や厄払いの願いを込めて始まったご神事です。


参列してみると、赤ちゃんからお年寄りまで、地域の老若男女がお櫃割を見るために集まり、境内は、まさに「村の秋祭り」と呼ぶにふさわしい雰囲気でした。

午後3時に挨拶が始まり、5分後には、お櫃と桶に入った甘酒が拝殿に登場。境内で立っている厄男たちに、柄杓で甘酒がかけられます。その後、彼らは神職の方からお櫃を奪い取り、境内の中央へと持ち出します。これが例年の手順のようで、神職の方たちは終始笑顔です。

さて、そこからが本番。厄男たちは団子状になって、お櫃を取り囲んでぐるぐる回りながら、ふたを「ヨイショ、ヨイショ」とこぶしで叩き割っていきます。

しかし、ふたが割れる気配はいっこうにありません。やっとのことでふたが割れると、今度は参拝客がお櫃に殺到し、男たちからお赤飯をもらって手づかみで食べ始めます。

このお赤飯には、厄や疫病を祓うご利益があるとのこと。食べてみたところ、もち米や小豆の風味が強く、ほどよい塩加減がおいしいお赤飯でした。

甘酒は御神事でふりかける際に登場するだけなので、残念ながら味はわかりませんでしたが、会場には、米麹の甘い香りが漂っていました。

お櫃割自体は10分で、式典も含めて30分弱のご神事です。しかし短いだけに、そのダイナミックさと、甘酒の香りが強烈な印象を残すお祭りでした。

荒《あら》神《がみ》社《しゃ》の古式ゆかしい

醴《あまざけ》祭

岐阜県高山市には、4年に一度の閏《うるう》年にだけ開催されるめずらしいお祭がありま す。

日本の原風景を思わせる古色蒼然たるお社で続くお祭りで、その名は、昔ながらの漢字で表記される醴《あまざけ》祭。

神社は、荒神社といい、ホムスビノカミ（火結びの神）をはじめ、かまどや土の神様など、生活に深く密着した御祭神が祀られています。苔むした木々に囲まれた境内には、荘厳な雰囲気が漂い、独特の空気感に身が引き締まる思いがする神社です。
なぜ閏年だけ、お祭りが開かれるのか。その理由は、400年前にさかのぼります。ある時、一人の仙人が村に現れ、蓑《みの》（雨具）の作り方を教えてくれたので、人々はとても助かりました。その日が、閏年の旧暦11月18日だったことから、感謝の意を込めて、今でも、閏年の新暦1月はじめの週末に行われているのだそうです。

醴祭は、前日の地鎮祭と甘酒の仕込み、本祭当日の2日間行われます。

昔の甘酒づくりには厳格な手順が定められ、雪の降る田んぼで火をおこして米を炊き、その残り火の上に、樽を置いて仕込んだとか。

今は、公民館で仕込まれていますが、それでも総量160kgもの米と麹を大樽10個に分けて行う仕込み作業は、かなりの重労働です。何人もの氏子さんが、温度調整のために分厚い保温シートで巻いた大樽を囲んで準備にあたっていました。

できあがった甘酒は、ほのかな酸味と強い甘みがあり、冷えた体に染みわたる味。

厳寒期に大量の米と麹を発酵させ、おいしい甘酒をつくるために、長年さまざまな工夫を重ねてきた地元の皆さんの努力を感じました。

本祭の式典は40分ほどで終了し、甘酒とともに、笹舟の器に盛られた手づくりのお餅が境内の参列者に振る舞われます。

餅のレシピは時代によって工夫されてきたとのことで、現在は、さつまいも、大豆や小豆、粟などが入った五穀餅と、生米をすりつぶして砂糖と合わせた白子餅のセットが配られています。笹の香りが移って、どちらも美味でした。

甘酒配布後20分もすると、参拝客の方たちも三々五々、帰途につき、境内には関係者の氏子さんが残るのみ。祭りの余韻を感じながら、長年伝承されてきた4年に一度の貴重なお祭りに参加できたことに感謝しました。

淡嶋神社の女性にやさしい

甘酒祭

全国の淡嶋神社（粟島神社・淡島神社）の総本社である和歌山県加太市の淡嶋神社では、毎年10月3日の秋の例大祭（甘酒祭）で参拝客に甘酒が振る舞われます。

この神社で配られる甘酒の特徴は、その年収穫された新米で仕込まれること。そして、神前で無病息災を祈願した甘酒が入っていること。古くは、この甘酒をいただくために、近隣から3000人の女性たちが参拝に訪れたそうです。

というのも、淡嶋神社は女性のお祭りであるひな祭り発祥の地のひとつであり、人形供養で有名なお社なのです。また、御祭神の一柱であるスクナヒコナノカミは薬の神様であると同時に、婦人病治癒や子授け、縁結びなどのご利益があり、心強い女性の味方となってくれる神様なのです。

淡嶋神社には、この他に、オオクニヌシノミコトと神功皇后が祀られています。スクナヒコナノカミとオオクニヌシノミコトが、ともに酒づくりの神様であることから、大祭での甘酒の振る舞いが始まったといわれているそうです。

ちなみに、ひな祭りという名称は、スクナヒコナの名前に由来するという説もあるとのこと。また、最初は瀬戸内海の島にあったお社が、現在の地に遷宮された日が3月3日だったことから、スクナヒコナノカミを男雛、神功皇后を女雛と見立て、ひな祭りの日が決まったと伝えられています。


朱色に塗られた社殿内には、たくさんのひな人形が飾られています。さらに、社殿の回り廊下や床下まで、花嫁人形や市松人形、干支の置物などがぎっしり並べられ、圧巻でした。

大祭では、宮司さんによる厳かな祝詞奏上のあと、ご神前に供えられていた甘酒の壺が下げられ、ご神事は終了。その後、配布用に準備されていた大鍋の甘酒に壺の甘酒が加えられ、参拝客に配られます。

神社の方に聞いたところ、甘酒には少し砂糖を加えているものの、米麹で仕込んでいるとのこと。生姜の香りがいいアクセントになって、甘みもちょうどよく、若干の酸味とさっぱりした後味が印象的なおいしさでした。

嬉しいことに、このお祭りでは、水筒などを持参すると持ち帰り用に分けていただけます。また、海のすぐ近くにあるため、海産物店や食堂なども近くに立ち並び、甘酒とともに旅の楽しさも満喫できます。

富岡八幡宮の勇壮な祇園舟神事

茅《かや》でつくった全長70㎝ほどの小舟に餅を乗せ、その上に甘酒をかけて海に流し、厄祓いする。そんな一風変わったお祭りが横浜市にあります。

このお祭りが行われるのは、鎌倉の鬼門を守るために、源頼朝が約800年前に創建した富岡八幡宮。過去に津波を防いだ小山に建っていることから、「波除八幡」として広く信仰を集め、東京・深川にある富岡八幡宮へと分祀されたことでも有名です。

甘酒が使われるご神事は、「祇園舟神事」と呼ばれ、毎年7月中旬に行われます。

2艘の茅舟(祇園舟)を海に流し、穢《けが》れを落とすこのご神事は、全国の神社で6月末に行われる夏越《なごし》の大祓《おおはらえ》の役割をになっています。

この時期、各地の神社の境内には、夏越の大祓で厄を落とすために、大きな「茅《ち》の輪」が登場しますが、富岡八幡宮ではその代わりに、鮮やかな緑色の茅舟を海に流すのです。

当日は、祇園舟保存会の方々や、大勢の参拝客が並ぶなか、社殿で式典が行われます。

その後、大麦の粉でつくった茶色の「しとぎ餅」が乗った祇園舟が登場し、境内で修祓《しゅばつ》(お祓い)の儀式がスタート。ここで、甘酒がしとぎ餅にかけられるのです。以前は、麦麹で甘酒を仕込んだそうですが、入手しづらい現在は米麹を使い、代々伝承された方法で仕込まれているとのこと。

お祓いが終わると、祇園舟を捧げ持って、皆で2艘の専用和船が停められた浜に移動します。優美な雅楽が鳴り響くなか、祭りの白装束を着た保存会の漕ぎ手たちが、祇園舟とともに和船に乗り込んで沖に出発し、祇園舟神事の始まりです。

沖合に出た船は、まず祇園舟を海へと流します。そしてそこからが、この御神事のクライマックス。

2艘の船は、祇園舟に託された1年分の厄から一刻も早く離れるために、岸へ向かって競争し始めます。大きなかけ声とともに懸命に船を漕ぐ姿は、まさに勇壮そのものです。岸へ着くと、お互いの健闘をたたえあい、三本締めで御神事は終わります。

ちなみに、一般参列者は浜に残って船の帰りを待ちますが、毎年チャーター便が出るので、希望者は沖まで伴走し、ご神事の様子を見ることができます。

甘酒の出番はお祓いの場面だけではあるものの、創建以来続いているという歴史あるご神事に、いにしえの人の思いを感じるお祭りでした。

いつか行きたい各地の個性的な甘酒祭

ぜひ一度訪れていただきたい甘酒祭をご紹介してきましたが、全国には、甘酒の魅力を味わえるお祭りがまだまだあります。長年、地域の方たちに親しまれてきたお祭りをピックアップしていきましょう。

まず、おいしい甘酒を堪能したいなら、名古屋駅の近くにある牧野三所社の甘酒祭がおすすめです。

牧野三所社は、牧野神明社、椿神明社、厳島神社の総称で、徒歩20分圏内に点在しています。三社のうち、牧野神明社と椿神明社は、それぞれ伊勢神宮の内宮と外宮に見立てられて、厳島神社が「境外摂社」として祀られており、長くこの地を守ってきました。

この甘酒祭が始まったのは、一本の大きな藤がきっかけだそうです。見事な藤を見に来る見物客で田畑が荒らされるので、地元の人が切り倒したところ、そのたたりで疫病が流行ったとか。

村の賢者から、酒をつくって献上するようにいわれたそうですが、酒は無理なので甘酒をお供えし、病人にも与えたところ、流行病はぴたりと収まったそうです。以来、神への感謝と世の平穏を祈って、甘酒祭が続いているとのこと。

甘酒祭が行われるのは、例大祭前日の10月15日。この日、各神社で定められた時間に参拝すると、甘酒のお接待を受けることができます。三社の甘酒はそれぞれに個性があり、飲み比べを楽しめるのが、このお祭りの楽しいところ。特に、牧野神明社では、小さなお餅入りのめずらしい甘酒がいただけます。


続いて、毎年、地域住民で当元（当番）を決め、1週間も前から甘酒を準備するという伝統あるお祭りをご紹介します。

岐阜県高山市、千虎白山《ちとらはくさん》神社の甘酒祭です。

このお祭りは400年以上続いており、地元の郡上八幡では「一に長滝お蚕祭《かいこ》り、二に千虎の甘酒祭」といわれるほど有名だったとか。今も毎年、3月第1日曜に開かれ、近隣に春の訪れを告げています。

現在、当元に選ばれるのは1軒ですが、文献によると、以前は毎年6人の当元を決め、仕込むお米も神田《じんでん》という専用の田んぼで育てていたとのことです。

当日は、式典と獅子舞のあとに甘酒が振る舞われます。まだ冷え込む時期なので、焚き火の上に据えられた大釜で熱々に温められた甘酒の味は格別です。

式典後には、地元の方たちが和気あいあいと、翌年の当元を決めるために稲わらでできたクジを引く姿があり、歴史の一端を垣間見た気がしました。

甘酒に祈りを託し、続いてきたお祭

九州にも、ひときわ個性的な甘酒祭があります。

熊本県宇土市で、「山王さん祭り」として親しまれている佐野山王祭礼です。

このお祭りでは、15歳から30歳までの青年が赤い着物を着て、山の神の使いである猿に扮し、甘酒をかけあいます。

白手ぬぐいで頬かむりして、真っ赤な着物を着た若者たちが、「ホーライ、ホーライ」と叫びながら、徳利に入った甘酒をかけあう姿がインパクトのあるお祭りです。

700年の伝統をもつこのお祭りは、毎年旧暦11月の申《さる》の日(年によって変動)に行われており、収穫への感謝と五穀豊穣への願いが込められています。

もともと猿には、春から秋にかけて稲作の守護をしてくれた山の神様を、収穫が終わった里から山に連れ帰る役目があるとのこと。徳利には、神霊の力が入っていると考えられ、甘酒をかけられた人は一年無病息災で過ごせるといいます。

見学に訪れる際には、歩きやすい服装で。また、甘酒よけのフード付きレインコートを持参するとよいそうです。


農村部や山間部に五穀豊穣を願うお祭りがある一方で、海沿いの町には、甘酒を用いて豊漁を願うお祭りも伝わっています。

和歌山県太地町にある飛鳥神社の宵宮《よいみや》祭りです。このお祭りは、クジラの大漁を願って毎年10月に行われます。当日は、顔に思い思いの化粧を施した十数人の若者たちが甘酒入りの樽を神輿《みこし》にして担ぎ、「ワッショイ、ワッショイ」と町を練り歩くそうです。

他にも、愛知県日間賀島《ひまかじま》の日間賀神社や石川県能登の愛宕神社には、タコの豊漁を願うお祭りもあるとのこと。

最後に番外編として、初詣の3日間で、3万人分もの甘酒を振る舞う熊本県の阿蘇神社をご紹介しましょう。

阿蘇神社では、毎年12月中旬から神職や巫女さん、氏子の方々が仕込みを始め、1週間かけて28回に分け、総量2016リットルもの甘酒がつくられます。ピンとこないかもしれませんが、四斗樽《よんとだる》（60cm×60cm）で計算すると28個分ですから、相当な量です。かたづくりの甘酒のようなので、2倍程度に希釈して、ちょうど3万人分できる計算になります。

2000年以上の歴史を持つ阿蘇神社ですが、日本最大級の甘酒の大盤振る舞いがいつ始まったかは不明とのこと。

各地を調査していると、時代に合わせて形は変化しても、先祖代々受け継がれてきたお祭りと甘酒づくりの歴史を守ろうとしている地元の方々の思いを感じます。

ぜひ皆さんも、ご自身の近所で、甘酒が供えられたり振る舞われたりしているお祭りがないか調べていただくと、思わぬ出会いがあるかもしれません。甘酒に繁栄や息災を祈り続けてきた先人たちに思いを馳せながら、身近な甘酒祭を体験していただければと思います。

甘酒祭のまとめ

本書でご紹介したお祭りはほんの一部です。これから旅先での過ごし方を考えるときは、ぜひ甘酒祭もチェックしてみてくださいね。お出かけ前には事前に神社や主催者へ問合せすることをおすすめします。

◎**猪鼻熊野神社**
開催日：7月第4日曜日
アクセス：秩父鉄道本線「三峰口駅」から徒歩20分
住所：埼玉県秩父市荒川白久1787

◎**室神明社**
開催日：10月第3日曜日
アクセス：名鉄西尾線「西尾駅」からバスで30分のバス停：家《え》則《たけ》下車、そこから徒歩5分（または「西尾駅」から車で10分）
住所：愛知県西尾市室町上屋敷97

◎**荒神社**
開催日：閏年の新暦1月中の土日（閏年の旧暦11月18日）
アクセス：JR高山本線「高山駅」から車で15分
住所：岐阜県高山市江名子町4946

◎**加太淡嶋神社**
開催日：10月3日
住所：和歌山県和歌山市加太118
アクセス：南海加太線「加太駅」から徒歩20分

◎**富岡八幡宮**
開催日：7月15日に近い日曜日
アクセス：京急本線「京急富岡駅」から徒歩10分
住所：神奈川県横浜市金沢区富岡東4-5-41

◎**牧野三所社**
開催日：10月15日（牧野神明社は16日も行う）
・牧野神明社
アクセス：鉄道各社「名古屋駅」から徒歩10分
住所：名古屋市中村区太閤1-18-17
・椿神明社
アクセス：鉄道各社「名古屋駅」から徒歩5分
住所：名古屋市中村区則武2-4-10
・厳島神社
アクセス：鉄道各社「名古屋駅」から徒歩10分
住所：名古屋市中村区太閤5-1-13

◎**千虎白山神社**
開催日：3月第1日曜日開催
アクセス：長良川鉄道「相生駅」から徒歩15分（または東海北陸道郡上八幡ICから車で約10分）
住所：岐阜県郡上市八幡町吉野570

◎**佐野山王神社**
開催日：12月（旧暦11月の申の日。月に3回申の日がある年は中の申。月に2回申の日がある年は最初の申の日）
アクセス：JR鹿児島本線「宇土駅」から車で約10分
住所：熊本県宇土市花園町813-2

◎**飛鳥神社**
開催日：10月第2土曜日（スポーツの日を絡む三連休の土曜日）
アクセス：JR紀勢本線「太地駅」から車で約5分
住所：和歌山県東牟婁郡太地町太地3169

◎**阿蘇神社**
開催日：1月1日〜1月3日
アクセス：JR豊肥本線「宮地駅」から徒歩15分
住所：熊本県阿蘇市一の宮町宮地3083-1

おわりに

豊かで奥深い甘酒の世界を楽しんでいただけたでしょうか。

私は子ども時代から甘酒が大好きで、小学4年生ごろに自分でつくり始め、今でもよく甘酒を飲んでいます。同時に、「あまざけ.com」というウェブサイトを創設し、甘酒に関するあらゆる情報を発信。気がつけば、甘酒探求家として活動するまでになりました。

なぜ、これほど甘酒に夢中になったかというと、一番の理由は、そのおいしさです。「よりおいしい甘酒に出会いたい」と、全国を調査するうちに、私はある発見をしました。味噌や醤油、日本酒などの醸造元が、本業の麹菌を使って甘酒をつくっているケースがかなりあったのです。

各醸造元それぞれに独自の製法や材料があり、また、特有の味わいがありました。日本各地をめぐる中で、日本の醸造文化の素晴らしさを目の当たりにした私は、ますます甘酒の探求に熱中し、今に至ります。

それらの発酵食品に深く関わっているのが、本文でもお伝えした日本独自の麹菌、アスペルギルス・オリゼーです。そして、この麹菌でもっとも簡単につくれる発酵食品が麹甘酒です。

ぜひ、甘酒づくりにチャレンジして、発酵という自然の働きの面白さを体感し、手づくりの味を楽しんでいただけたらと思います。

藤井 寛 ／ 甘酒探求家

古代から私たちとともにあった甘酒ですが、少子高齢化や人口減少の影響を受けて、地方のつくり手が少なくなりつつあります。

しかし、健康志向が高まった今、栄養的にも優れ、しかもナチュラルでおいしい飲みものとして、ふたたび光が当たっているのも事実。10年前に比べると、その需要は大幅に伸び、この流れは今後も続いていくでしょう。

そう、甘酒は古くて新しい、これからの飲みものなのです。

最近、お気に入りのカフェでコーヒーを飲んだり、家で淹れたこだわりのコーヒーを持ち歩いたりする人がたくさんいるように、気軽に甘酒が楽しめるお店や、自分でつくった甘酒を外で楽しむ機会など、今後も新しいかたちを取り入れながら末永く残っていくことを願っています。

甘酒によって、皆さんの暮らしが健康で楽しく、そして、より豊かなものになるために、この本がお役に立てたらこれほど嬉しいことはありません。

おすすめの甘酒と麹

私が実際に試した中から、読者の皆さんにおすすめしたい商品を厳選してご紹介します。まだまだ全国各地にはおいしい甘酒や米麹がありますので、お住まいの地域や旅先で、ぜひ自分好みの一品を見つけてみてくださいね。

麹甘酒

日本では、約600の製造元から1200もの甘酒がつくられています。今回は、はじめて召し上がる方も、きっと好きだと言っていただける甘酒を厳選してお届けします。

マルコメ ｜ **プラス糀 糀甘酒 LL 糀リッチ粒** ＊

ストレートタイプ

1854年創業の味噌屋「マルコメ」の米麹甘酒。ほのかなカラメル香があり、濃厚なコクと塩味によって引き立てられた強い甘みがあります。質感はなめらかで、豆乳などと割っても甘酒の味が生きておいしいです。

INFO マルコメ株式会社・長野県長野市安茂里883・https://www.marukome.co.jp/

かねこみそ ｜ **あま酒**

ストレートタイプ

1932年創業の味噌屋「かねこみそ」の米麹甘酒。コクのある甘みとさっぱりとした後味のバランスがよく、飲みごたえがあります。家でつくる甘酒の味のように親しみやすく、何よりコストパフォーマンスが抜群です。

INFO かねこみそ株式会社・徳島県板野郡藍住町奥野字乾81-2・https://kanekomiso.co.jp/

茨木酒造 ｜ **杜氏手造り甘酒**

ストレートタイプ

1848年創業の酒蔵「茨木酒造」の米麹甘酒。まっすぐとした甘さとさっぱりとした後味が特徴です。クセはないけれどもコクがあり、水あめに似た印象もあります。つぶつぶ感のある甘酒がシンプルに楽しめます。

INFO 茨木酒造合名会社・兵庫県明石市魚住町西岡1377・https://rairaku.jp/

八海醸造 ｜ **麹だけでつくったあまさけ**

ストレートタイプ

1922年創業の酒蔵「八海醸造」の麹だけで仕込んだ米麹甘酒。「八海山」という日本酒で知られています。さらりとした質感のきれいな味わいで、やさしい麹の香りと甘さが広がります。どこでも手に入り、はじめての1本におすすめです。

INFO 八海醸造株式会社・新潟県南魚沼市長森1051・https://www.hakkaisan.co.jp/

＊マークの商品は3章で使用しています。

小川屋味噌店	黒米甘酒美人
濃縮タイプ	1848年創業の味噌屋「小川屋味噌店」の黒米を用いた米麹甘酒。濃厚な甘みとしっかりとしたコクがあり、後味にじーんとした余韻が残ります。塩味がいいあんばいで黒米のプチプチとした食感もクセになります。

INFO 株式会社小川屋味噌店・千葉県東金市小沼田1662-5・http://www.ogawaya-misoten.co.jp/

味噌星六	白あま酒
濃縮タイプ	1975年創業の味噌専門店「味噌星六」の米麹甘酒。マンガ『美味しんぼ』で紹介された味噌蔵でつくられています。ほのかな果実味のある麹の香り、甘さとコクの出方が絶妙でじんわりとした味わいが楽しめます。

INFO 有限会社星六・新潟県長岡市摂田屋4-5-11・https://www.hoshi6.com/

白鷹甘酒	はくたか甘酒（濃縮）
濃縮タイプ	1862年創業の酒蔵「白鷹」の米麹甘酒。伊勢神宮の御料酒で知られる酒造の甘酒で、伊勢おはらい町にある店舗でも入手できます。柔らかな果実味や酸味が効いたバランスの良い甘さがあり、そのままでもおいしいです。

INFO 白鷹株式会社・兵庫県西宮市浜町1-1・https://www.hakutaka-onlineshop.jp/

三崎屋醸造	米こうじのあま酒　一休
濃縮タイプ	1889年創業の醤油味噌屋「三崎屋醸造」の米麹甘酒。ほのかな香りが立ち、心地よい甘さがします。くっきりとした味わいがあり飲みごたえもあります。高級スーパーでの取り扱いがあります。

INFO 株式会社三崎屋醸造・新潟県長岡市滝の下町4-39・0258-52-2062

米麹

甘酒の味わいの要となる米麹は、酒造や味噌屋、麹屋などつくり手によって違った味わいが楽しめます。今回は麹本来の味わいが引き立つ、早づくりの甘酒をつくり、特徴を比べてみました。

伊勢惣｜みやここうじ

乾燥麹

1952 年創業の麹屋「伊勢惣」の乾燥麹。ほどよい甘みとコクがあって後味はすっきりとした飲みやすい甘酒になります。どこでも手に入り、安定して美味しくつくれるため、はじめての方におすすめです。

INFO　株式会社伊勢惣・東京都板橋区若木 1-2-5・https://www.isesou.co.jp/

糀和田屋｜手づくり板こうじ

乾燥麹

1771 年創業の味噌麹屋「糀和田屋」の乾燥麹。濃厚なコクと甘みがありながら、後味はすっきりとした甘酒になります。米粒はしっかりしていますが口当たりは柔らかで飲みやすく、奥深い味わいを楽しめます。

INFO　有限会社糀和田屋・福島県本宮市本宮字上町 22・https://www.koujiwadaya.co.jp/

ホシサン｜あまざけ麹

乾燥麹

1906 年創業の味噌醤油屋「ホシサン」の乾燥麹。香りはごくほのかで、クセのないりんごジュースのような味わいの甘酒になります。粒感はしっかりと感じられますが、食感が理想的なあんばいで口どけも抜群です。

INFO　ホシサン株式会社・熊本県熊本市北区龍田《たつだ》弓削《ゆげ》 1-28-8・https://www.hoshisan.co.jp/

池田屋醸造｜マルイケ印　米こうじ

乾燥麹

1792 年創業の味噌醤油屋「池田屋醸造」の乾燥麹。柔らかなコクと旨みがあり、ほっこりとしたゆで栗のような甘酒になります。ほどよく濃厚な甘みが感じられますが、後味はすっきりとしています。

INFO　池田屋醸造合名会社・熊本県熊本市中央区京町 1-10-21・https://www.ikedayamiso.com/

会津天宝醸造	米こうじ
乾燥麹	1871年創業の味噌屋「会津天宝醸造」の乾燥麹。果汁のような甘みがじんわり広がる満足感のある甘酒になります。ほのかな酸味と濃厚のあるコク、そして米粒が口の中でパッと弾ける感じも楽しめます。

INFO 会津天宝醸造株式会社・福島県会津若松市大町1-1-24・https://www.aizu-tenpo.co.jp/

南日味噌醤油	手作り米こうじ
生麹	1889年創業の味噌醤油屋「南日味噌醤油」の生麹。甘さ控えめで、米粒の柔らかな口どけを楽しめる甘酒がつくれます。柔らかい栗花香が立ち、じんわりとコクのある甘みですが、飲み口はすっきりとしています。

INFO 南日味噌醤油株式会社・富山県富山市綾田町3-9-8・https://www.nannichi.co.jp/

石黒種麹店	麹職人　米こうじ
生麹	1895年創業の麹屋「石黒種麹店」の生麹。富山県産「こしひかり」一等米を使っています。ほのかな栗花香がする大変香りの良い甘酒になります。米粒も口の中でさらりと溶けてしまう上品な味わいです。

INFO 有限会社石黒種麹店・富山県南砺市福光新町54・https://www.1496tanekouji.com/

片山商店	生こうじ
生麹	1905年創業の麹味噌屋「片山商店」の生麹。フレッシュな栗花香が立ち、ほのかなコクとじんわりとした甘みが広がる甘酒になります。柔らかな米粒が舌の上をさらりと流れ、後味はすっきりです。

INFO 株式会社片山商店・新潟県新潟市江南区袋津1-4-35・https://e-kome-miso.com/

参考文献

本書では「あまざけ .com」を中心に次の文献を参照しました

植田愛美
健常成人女性における米糀甘酒摂取による皮膚バリア機能改善効果の検討——無作為化二重盲検プラセボ対照並行群間比較試験
『薬理と治療』
45 巻 11 号／ 2017 年／ 1811-1820 頁

尾関健二
甘酒のレジスタントプロテインの機能性解析について
『日本醸造協会誌』
117 巻 9 号／ 2022 年／ 627-634 頁

神奈川県食糧営団編
『決戦食生活工夫集』
産業経済新聞社／ 1944 年

北垣浩志
麹に含まれるグリコシルセラミドの健康効果
『生物工学会誌』
97 巻 4 号／ 2019 年／ 182-184 頁

北本勝ひこ・大矢禎一・後藤奈美・五味勝也・高木博史 編
『醸造の事典』
朝倉書店／ 2021 年

倉橋敦
麹甘酒の成分・機能性・安全性
『生物工学会誌』
97 巻 4 号／ 2019 年／ 190-194 頁

神宮司庁
『古事類苑 (普及版) 飲食部』
吉川弘文館／ 1984 年

知久桟雲峡雨
『変装探訪世態の様々』
一誠堂書店／ 1914 年

野白喜久雄・鎌田耕造・蓼沼誠・吉沢淑・水沼武二 編
『醸造の事典』
朝倉書店／ 1988 年

藤井寛
かびのはなし 古代から現代に続く甘酒の軌跡 (1) 古代から近世まで
『かびと生活 = Fungi in human life 』
11 巻 1 号／ 2018 年／ 31-33 頁

藤井寛
かびのはなし 古代から現代に続く甘酒の軌跡 (2) 近代から現代まで
『かびと生活 =Fungi in human life』
11 巻 2 号／ 2018 年／ 31-34 頁

山田正一・森孝三・山管健司
甘酒の研究
『日本醸造協会雑誌』
38 巻 5 号／ 1943 年／ 65-69 頁

著者

藤井 寛

甘酒探求家／発酵牧場株式会社代表取締役。東京農業大学応用生物化学部醸造科学科卒業。同大学大学院農学研究科食品栄養学専攻博士前期課程修了。幼い頃から祖父の漬けた漬物や、手づくりの味噌、母親が日常的につくっていた甘酒など、発酵食品に親しみのある環境で育つ。甘酒づくり歴27年、日本全国の蔵元・醸造元のリストなど甘酒にまつわる情報を収集し発信するウェブサイト「あまざけ.com」を運営。甘酒は日本が誇る発酵食品であるという信念のもと、各地の甘酒を探し求めるとともに発酵文化の発信をおこなう。講演会やセミナー、テレビ、雑誌などで活躍中。監修に『発酵あんこのおやつ』『発酵ベジあんのおかずとおやつ』(ともにWAVE出版)著書に『元気をつくる！麹の甘酒図鑑』(主婦の友社)。

レシピ監修

音仲紗良

ナッツ料理研究家／「マイバインミー by グルテンフリートーキョー」オーナー。株式会社Poca pocA table.代表取締役。
雑誌の編集をへて、26歳の時フリーのエディター・フードコーディネーターとして独立。29歳で「食卓に、陽だまりを」をコンセプトに掲げる株式会社Poca pocA table.を起業。メディアでの執筆活動も行いながら、店舗の立ち上げからメニュー開発、PRまでワンストップで展開。ナッツや甘酒、グルテンフリーバインミーなど、"おいしくてカラダ想い"のトレンド食の立ち上げを得意とする。

Instagram/Twitter → @otonakasara

japanese
fermentation

amazake

甘酒のほん

知る、味わう、たずねる

2023年4月1日　第1版第1刷印刷
2023年4月10日　第1版第1刷発行

著者　藤井 寛
発行者　野澤武史
発行所　株式会社山川出版社
〒101-0047
東京都千代田区内神田1-13-13
電話 03-3293-8131(営業) 1802(編集)
https://www.yamakawa.co.jp
振替 00120-9-43993
印刷所　共同印刷株式会社
製本所　株式会社ブロケード

ISBN978-4-634-15232-8 C2077